Biographien
hervorragender Naturwissenschaftler,
Techniker und Mediziner

Band 17

Johannes Kepler

Prof. Dr. Johannes Hoppe, Jena

5. Auflage

Mit 10 Abbildungen

BSB B. G. Teubner Verlagsgesellschaft · 1987

Herausgegeben von
D. Goetz (Potsdam), I. Jahn (Berlin), E. Wächtler (Freiberg),
H. Wußing (Leipzig)
Verantwortlicher Herausgeber: H. Wußing

Abb. 1 nach dem Gemälde eines unbekannten Malers – Original
im Landesmuseum Linz

Hoppe, Johannes:
Johannes Kepler / Johannes Hoppe. – 5. Aufl. –
Leipzig : BSB Teubner, 1987. – 92 S. : mit
10 Abb.
(Biographien hervorragender Naturwissenschaftler,
Techniker und Mediziner ; 17)
NE: GT

ISBN-13: 978-3-322-00397-3   e-ISBN-13: 978-3-322-86699-8
DOI: 10.1007/978-3-322-86699-8

Biogr. hervorrag. Nat.wiss. Techn. Med., Bd. 17
ISSN 0232-3516
© BSB B. G. Teubner Verlagsgesellschaft, Leipzig, 1982
5. Auflage
VLN 294-375/104/87 · LSV 1498
Lektor: Dr. Hans Dietrich

Gesamtherstellung: Grafische Werke Zwickau III/29/1
Bestell-Nr. 665 586 2

00470

Hoppe · Johannes Kepler

1 Johannes Kepler
(27. 12. 1571 bis
15. 11. 1630)

Inhalt

Einleitende Betrachtungen

Die Auffindung der Bewegungsgesetze der Planeten durch Johannes Kepler bildet einerseits den Abschluß des Jahrhunderte währenden Strebens des Menschen nach Verständnis der räumlichen Anordnung und Bewegung der Planeten, anderseits bedeuteten die Keplerschen Gesetze den Anfang einer neuen Qualität der astronomischen Forschung und lieferten Isaac Newton wichtige Anhaltspunkte für die Aufstellung des Gesetzes der allgemeinen Schwere oder der universellen Anziehungskraft, die zwischen den Massen aller Körper wirksam ist.

Um die Bedeutung dieser Leistung Keplers richtig einschätzen zu können, sollen kurz die wesentlichen Etappen auf dem Wege von Pythagoras bis Kepler skizziert werden.

Die Babylonier und auch die Ägypter verfolgten bei ihrer Beschäftigung mit den Vorgängen in der Sternenwelt hauptsächlich das Ziel, für die praktischen staatspolitischen, gesellschaftlichen und religiösen Bedürfnisse brauchbare Regeln zur Berechnung der Gestirnstellungen aufzustellen. Die griechisch-hellenistischen Astronomen gingen weiter und suchten die rechnerische Beherrschung des Ablaufs der Sternbewegung aus einer theoretischen Vorstellung der räumlichen Anordnung und Bewegung dieser Weltkörper abzuleiten.

Einen ersten Versuch, die verwickelten, wenn auch im Grunde periodischen scheinbaren Bewegungen von Sonne, Mond und Planeten am Fixsternhimmel berechenbar zu machen, finden wir im 4. Jh. v. u. Z. bei Eudoxos, einem Schüler des Philosophen Platon. Er bediente sich zu diesem Zweck als mathematischer Hilfsmittel homozentrischer Sphären, d. h. Kugelschalen mit gemeinsamem Mittelpunkt, denen er die aus den Beobachtungen ermittelten Umlauffrequenzen und Achsenneigungen gab. Er begnügte sich mit 27 Sphären, obwohl die Darstellung der Bewegungen der beiden Nachbarplaneten der Erde, nämlich Venus und Mars, am ungenauesten war. Aber auch die Erhöhung der Anzahl der Sphären auf 56 durch Calippos, einen jüngeren Platonschüler, brachte keine wesentliche Verbesserung. Später griff dann der ebenfalls aus der Schule Platons hervorgegangene Aristoteles den Sphärengedanken auf, machte die mathematischen Konstruktionen des Eudoxos zu „kristallnen" Sphären im Raume als realem Sitz der Planeten, was ein Rückschritt war.

Im 5. Jh. v. u. Z. wurde bereits die Rotation der Erde von Herakleides gelehrt, so daß der tägliche Umschwung der Sternensphäre mit den Gestirnen als scheinbare Bewegung erkannt war. Diese Erkenntnis war aber offenbar später wieder verlorengegangen oder bestritten worden. Auch sollte Herakleides die beiden inneren Planeten Merkur und Venus als Satelliten der Sonne betrachtet haben, wodurch die Erklärung ihrer scheinbaren Bewegung vereinfacht wurde.

Schon im 3. Jh. v. u. Z. wurde zum ersten Mal die zentrale Stellung der Sonne gelehrt. Aristarch, Mathematiker und Philosoph in Athen, hatte nach einer im Prinzip richtigen Methode der Dreiecksmessung das Entfernungsverhältnis von Sonne und Mond zur Erde bestimmt, konnte jedoch mit den damaligen Meßinstrumenten keine genauen Ergebnisse erhalten. Dennoch erkannte er die überragende Größe der Sonne, die nach seinen Messungen einige hundertmal das Volumen der Erde umfaßte. Der Gedanke, den offenbar größten Weltkörper, die Sonne, in den Mittelpunkt des Planetensystems zu setzen, brachte zugleich den Vorteil mit sich, daß dadurch die Erklärung der scheinbaren Bewegungen der Planeten an der Sternensphäre erheblich vereinfacht wurde. Den Einwurf seiner Gegner, daß bei einem Umlauf der Erde um die Sonne sich im Laufe des Jahres die Örter der Fixsterne verschieben müßten, hat Aristarch, wie uns Archimedes, Techniker, Physiker und Mathematiker in Syrakus, in seiner Abhandlung über die Sandzahlen berichtete, ebenso wie 18 Jahrhunderte später Nicolaus Copernicus mit dem Hinweis erledigt, daß diese sogenannte Fixsternparallaxe wegen ihrer Kleinheit mit den damaligen Instrumenten nicht nachgewiesen werden konnte.

Nach der ersten kosmischen Triangulation durch Aristarch führte an der Wende vom 3. zum 2. Jh. v. u. Z. Eratosthenes, Mathematiker, Geograph und Geodät in Alexandrien, die erste Erdvermessung aus mit einer Genauigkeit, die etwa so hoch war wie die heutigen Bestimmungen der Entfernungen von Spiralnebeln. Eratosthenes berechnete aus den am gleichen Tage gemessenen unterschiedlichen Sonnenhöhen in Alexandrien und Syene (dem heutigen Assuan), die ungefähr auf dem gleichen Meridian lagen und deren geometrischen Abstand er bestimmt hatte, den Umfang der Erdkugel in unser heutiges Längenmaß umgerechnet zu etwa 46 000 km. Als wesentliches Ergebnis blieb aber bestehen, daß durch diese Messungen die Erkenntnis der kugelförmigen Gestalt der Erde auch experimentell gesichert war.

Die gegen Aristarch wegen seiner heliozentrischen Planetentheorie erhobene Anklage der Gotteslästerung und seine Flucht in die Verbannung trugen dazu bei, daß wieder geozentrische Modelle der scheinbaren Bewegungen der Gestirne entwickelt wurden. Dem kam auch die bereits in der zweiten Hälfte des 3. Jh. v. u. Z. von dem Mathematiker Apollonius entworfene Epizykeltheorie entgegen, aus der sich die Möglichkeit der Darstellung ungleichförmiger periodischer Bewegungen ergibt, indem ein Punkt sich auf einem Kreis bewegt, dessen Mittelpunkt wiederum auf einem anderen Kreis läuft. Der griechische Astronom Hipparch wandte die Epizykeltheorie erstmals auf die Gestirne an, indem er die räumliche Bewegung der Sonne und des Mondes und wahrscheinlich auch die der Planeten durch dieses neue Hilfsmittel darstellte. Die umfassendste Anwendung der Epizykeltheorie findet sich in dem Lehrbuch der Astronomie (Almagest), das Ptolemäus, Astronom in Alexandrien, im 2. Jh. u. Z. publizierte. Es ermöglichte die Berechnung der scheinbaren Bewegung von Sonne, Mond und Planeten mit einer vergleichsweise geringen Genauigkeit von einigen Grad, blieb aber mangels einer besseren Planetentheorie während des ganzen Mittelalters als Berechnungsgrundlage für die Gestirnstellungen im Gebrauch. Im Gegensatz zu den Astronomen der damaligen Zeit, denen die geringe Genauigkeit der von ihnen angewandten Theorie stets ein Anlaß ernster Besorgnis war, klammerten sich die Philosophen und Theologen unbesorgt um die wissenschaftliche Wahrheit an eine Synthese des ptolemäischen und aristotelischen Weltbildes, die ihren ideologischen Zielen und Vorstellungen am besten zu entsprechen schien.

Zur leichteren Anwendung der ptolemäischen Epizykeltheorie ließ Alphons X. von Kastilien im 13. Jh. durch eine Kommission von Astronomen und Mathematikern verbesserte Planetentafeln herausgeben, wozu vor allem die genaueren Beobachtungen des arabischen Astronomen Al Battani aus dem 9. bis 10. Jh. herangezogen wurden. In dieser Form der sog. Alphonsinischen Tafeln blieb die ptolemäische Epizykeltheorie weitere drei Jahrhunderte in Gebrauch.

Neuere Beobachtungen, die dem von Alphons X. berufenen Wissenschaftlerkollegium die Restaurierung der ptolemäischen Planetentafeln ermöglicht hätten, sind von Regiomontanus als Voraussetzung für die Weiterentwicklung der Astronomie gefordert worden. So wollte er durch systematische und genauere Beobachtungen der Wandelsterne das Fundament der Planetentheorie erneuern.

Eine in Nürnberg von Regiomontanus eingerichtete Werkstatt sollte ihm die nötigen präzisen Instrumente liefern. Dieser Plan wurde jedoch durch seinen frühen Tod vereitelt. Insbesondere sollte dadurch die Entscheidung zwischen dem geozentrischen und heliozentrischen Planetensystem herbeigeführt werden, da die Theorie von Aristarch inzwischen in Europa bekannt geworden war.

So konnte sich auch Copernicus, der beim Tode des Regiomontanus erst drei Jahre alt war, bei dem Entwurf seines heliozentrischen Planetensystems nur auf die alten Beobachtungen und verhältnismäßig wenige neuere mit etwas höherer Genauigkeit, darunter auch eigene, stützen. Da er sich hierbei der alten Methoden und Mittel der Darstellung, wie Kreis, Exzenter und Epizykel bediente, konnte die Genauigkeit in der Darstellung der scheinbaren Gestirnsbewegungen nicht wesentlich höher sein als nach den Alphonsinischen Tafeln. Die von dem Wittenberger Mathematiker Erasmus Reinhold nach der Theorie des Copernicus berechneten Prutenischen Tafeln wurden deshalb auch von den zeitgenössischen Astronomen kaum benutzt.

Drei Jahre nach dem Tode des Copernicus, also 1546, wurde Tycho Brahe, der große dänische Astronom, geboren, dessen Verdienst für die Sternkunde u. a. darin bestand, daß er die astronomischen Beobachtungsinstrumente soweit verbesserte, daß die Meßgenauigkeit der Gestirnsörter bis an die Grenze des Auflösungsvermögens des menschlichen Auges, also etwa 1′ (Bogenminute), gesteigert wurde. Da er trotz dieser bisher höchsten Meßgenauigkeit keine Fixsternparallaxen feststellen konnte, außerdem glaubte, die scheinbaren Durchmesser der hellsten

Sterne mit 1′ bis 3′ verbürgen zu können, ohne derartig riesige Sterne anzunehmen, hielt er die Lehre des Copernicus für unzutreffend und vertrat ein modifiziertes geozentrisches Weltsystem. Danach sollte die Erde als schwerster Weltkörper im Zentrum stehen; um sie bewegen sich in geringer Entfernung der Mond und entsprechend weiter die Sonne, und um die Sonne kreisen schließlich die Planeten. Obwohl dieses tychonische Weltsystem als Kompromißlösung zwischen dem copernicanischen und dem ptolemäischen den Anhängern der damals vorherrschenden aristotelischen Naturlehre entgegenkam, hat es keine dauernde Bedeutung erlangt.

Im Zusammenhang mit der Darstellung der verwickelten scheinbaren Bewegungen der Planeten am Fixsternhimmel durch Epizykel ist im Altertum bis hinein ins Mittelalter bei der Verwendung der gleichförmigen Kreisbewegung der Hauptton auf den metaphysischen Aspekt gelegt worden. Es soll nicht bestritten werden, daß vielleicht bis zur Zeit Keplers Gelehrte und Laien tatsächlich der Überzeugung waren, kosmische Bewegungen dürften nur durch die vollkommene, nach den damaligen Ansichten eben die kreisförmige Bewegung beschrieben werden. Tatsache ist aber auch, daß die mit gleichförmiger Geschwindigkeit auf einem Kreise ablaufende Bewegung von allen periodischen Bewegungen die einfachste ist und überhaupt die einzige, die man zur damaligen Zeit rechnerisch bewältigen konnte.

Jugend und Studienjahre

Aus Anlaß der ersten Heirat stellte Kepler Nachforschungen über seine Vorfahren an. Er fand, daß einem seiner Vorfahren von Kaiser Sigismund, seit 1410 Kaiser, im Jahre 1430 der Adelstitel verliehen worden war. Später verarmte die Familie, und sein Ururgroßvater gebrauchte den Adelstitel nicht mehr, als er sich in Nürnberg einem bürgerlichen Gewerbe zuwandte. Sein Sohn übersiedelte nach Weil der Stadt, und Keplers Großvater, der dort Bürgermeister wurde, ließ sich von Kaiser Maximilian II. im Jahre 1564 den Adelsbrief erneuern, ohne daß sich an der bürgerlichen Existenz der Familie etwas änderte.

Mit der Schreibart des Namens hat man es, wie überhaupt mit der Rechtschreibung, zu diesen Zeiten nicht sonderlich genau genommen. Kepler selbst schrieb seinen Namen bei der lateinischen Form nur mit einem p, die deutsche Form aber meist mit einem doppelten p. Es kommen aber auch Unterschriften vor wie Käppler, Kepeler, Kheppler oder Khepler, ja sogar Kepner. Im folgenden wird die heute meist gebrauchte Form Kepler verwendet.

Über seine Vorfahren besitzen wir von Kepler selbst folgende kurze Notiz:

Es sind vergangenen 4. Januar (1620) allbreits achtundneunzig Jahr ververflossen, daß mein Urahn Sebald Kepner seinen Geburtsbrief von einem ehrsamen Rat zu Nürnberg empfangen, in welchem ihm seines Vaters Bruder Heinrich Kepner, auch Bürger zu Nürnberg, neben andern Zeugen diese Kundschaft gibt, daß er von Sebald Kepnern, Buchbinder, eine lange Zeit in Nürnberg in gutem Leumund häuslich und häbig gesessen und ehelich geboren. Mit welchem Geburtsbrief Ermeldeter, mein Urahn, nach Weil der Stadt gezogen, allda mein Großvater Sebald, mein Vater Heinrich und ich geboren.

Johannes Kepler wurde am 27. Dezember 1571 als Siebenmonatskind in Weil der Stadt in Württemberg geboren. Er war der älteste unter sieben Geschwistern, sechs Brüder und einer Schwester. Sein Vater Heinrich war der vierte Sohn des Bürgermeisters Sebald Kepler. Von unstetem Wesen, heftig und aben-

2 Keplers Geburts-
haus in Weil der Stadt

teuerlustig, trieb es ihn schon im zweiten Jahr seiner Ehe in die Niederlande, wo er in den Kriegsdienst Herzog Albas, von 1567 bis 1573 Statthalter der Niederlande, eintrat. Johannes Keplers Mutter Katharina war die Tochter des Bürgermeisters Guldemann aus dem zwei Wegstunden entfernten Eltingen. Sie hatte sehr früh ihre Mutter verloren, war von einer Base erzogen worden und hatte sich zu einem starrköpfigen und eigensinnigen Menschen entwickelt. Nach der Geburt ihres zweiten Sohnes, Heinrich, hielt es sie auch nicht mehr zu Hause, und sie zog ihrem Mann nach. Die Sorge um die beiden Kinder und ihre Erziehung lag nun in den Händen der Großeltern. Johannes war ein schwächliches und leicht kränkelndes Kind. Mit drei Jahren erkrankte er an den Blattern und behielt davon zeitlebens eine Augenschwäche zurück.

Nach einem zweijährigen Wanderleben kehrten die beiden Eltern wieder heim, zogen aber nach dem in der Nähe gelegenen Städtchen Leonberg. Sie erwarben dort ein Haus und etwas Grundbesitz und waren in den ersten Jahren ziemlich wohlhabend. In Leonberg, wohin sie ihre Kinder mitnahmen, bekam Johannes im Jahre 1577, noch vor Vollendung seines sechsten Lebensjahres, ein Jahr lang deutschen Lese- und Schreibunterricht. Nach diesem Jahre besuchte er die dreiklassige Lateinschule, jedoch nur kurze Zeit.

Sein Vater blieb trotz des Wohlstandes nicht zu Hause, sondern zog wieder nach Belgien. Zurückgekehrt verlor er durch eine unvorsichtig übernommene Bürgschaft fast sein ganzes Vermögen, mußte sein Haus in Leonberg verkaufen und pachtete in Ellmendingen das Wirtshaus zur Sonne. In dieser Notzeit mußte der junge Kepler oft seinen Schulbesuch unterbrechen, im Haus und in der Wirtschaft, ja sogar bei der Landarbeit helfen, was ihm bei seinem Gesundheitszustand äußerst schwerfiel. So konnte er dann auch erst Ende des Jahres 1582 die zweite Lateinklasse in Leonberg beenden, wohin seine Eltern inzwischen zurückgekehrt waren.

Seine Erfolge in der Schule und sein wenig widerstandsfähiger Körper veranlaßten seine Eltern, ihn zum Studium zu bestimmen, da er weder zur Landarbeit, noch zur Ausübung eines Gewerbes tauglich schien. Das positive Urteil seiner Lehrer bestätigte er, indem er bereits im Mai 1583 das sog. „Landexamen" bestand, das zum Besuch einer Klosterschule Voraussetzung war, in der die Vorbereitung auf das Hochschulstudium erfolgte.

Im Herbst 1584 trat der Dreizehnjährige in die Klosterschule Adelberg ein, wo er zwei Jahre im Internat blieb. In dieser Grammatisten-Schule stand das Erlernen der lateinischen Sprache an erster Stelle, ein intensiver Grammatikunterricht und Redeübungen in der lateinischen Sprache. Hier legte Kepler den Grund zu seiner späteren Gewandtheit in der damaligen Wissenschaftlersprache, dem Lateinischen. Daneben wurden die Anfangsgründe des Griechischen, allgemeine Rhetorik, Dialektik und Musik gelehrt. Offenbar hat man sich bei der Ausbildung des jungen Mannes in den sog. „freien Künsten" (artes liberales) nur im Rahmen des Möglichen an die Einteilung in das Trivium: Rhetorik, Dialektik und Grammatik, sowie das Quadrivium: Arithmetik, Geometrie, Musik und Astronomie gehalten. Das

Leben im Internat mag dem körperlich schwächlichen Knaben nicht leichtgefallen sein, da die Schüler spartanisch streng gehalten wurden. Hinzu kam, daß er einige Neider unter seinen Mitschülern hatte.

So dürfte er froh gewesen sein, als er nach gut bestandener Abschlußprüfung im Oktober 1586 in die höhere Klosterschule zu Maulbronn aufrücken durfte. Hier in diesem alten, auch heute noch guterhaltenen Zisterzienserkloster verbrachte er die folgenden drei Jahre. Zur weiteren Vervollkommnung im Lateinischen und in der Rhetorik kamen als neue Fächer die sphärische Trigonometrie und Arithmetik hinzu, zwei für seinen späteren Beruf wichtige Wissensgebiete. Durch die Beschäftigung mit der sphärischen Trigonometrie wurde sein frühes Interesse an der Astronomie wieder wach. Wie aus seinem Tagebuch ersichtlich, zog er anläßlich der totalen Mondfinsternis vom 3. März 1588, die durch einen besonders dunklen Erdschatten auffiel, Vergleiche mit einer ähnlichen Mondfinsternis, die er als Neunjähriger beobachtet hatte, bei welcher der verfinsterte Mond wesentlich heller war. Auch erinnerte er sich an die Erscheinung eines Kometen, den ihm, dem noch nicht ganz Sechsjährigen, seine Mutter von einer Anhöhe aus gezeigt hatte.

Nach zweijährigem Studienaufenthalt in Maulbronn mußte er sich der ersten Prüfung an der Universität Tübingen unterziehen, die er am 25. September 1588 mit Erfolg ablegte. Er erlangte damit den ersten akademischen Grad, das Bakkalaureat. Anschließend folgte das dritte Studienjahr in Maulbronn, wo er nun bereits als Student geachtet wurde.

In dieser Zeit fühlte er sich wohl gelegentlich berechtigt, den drückenden Zwang der Klosterschule nicht mehr ohne Kritik und Widerspruch hinzunehmen. Das brachte ihm, wie aus seinen Tagebuchaufzeichnungen zu entnehmen ist, einige Stunden Karzer ein, die er jedoch selber als verdient bezeichnete.

Nach Beendigung des Vorbereitungsstudiums in Maulbronn kam für Kepler die Entscheidung für ein Fachstudium an der Tübinger Universität. Er hatte die Absicht, Theologie zu studieren, und bei seinen bisherigen Leistungen erhielt er als Stipendiat des Landes Württemberg unter günstigen Bedingungen einen Freiplatz im Tübinger Theologischen Stift. Später kam noch, von seinem Großvater erwirkt, ein kleines Stipendium seiner Vaterstadt hinzu. So war Kepler der größten wirtschaftlichen Sorgen enthoben und konnte sich nun mit ganzer Kraft in das Studium vertiefen.

Doch da wurde er von neuen Sorgen bedrückt. Sein Bruder Heinrich konnte in keinem Berufe richtig Fuß fassen und war schließlich im Jahre 1589 nach Österreich entflohen. Im selben Jahr verließ auch der Vater nach einer häuslichen Auseinandersetzung die Heimatstadt und ging zur See. Als er später zurückkehrte, fand er auf dem Heimweg, in der Nähe von Augsburg, den Tod, ohne die Seinen je wiedergesehen zu haben.

Die Immatrikulation erfolgte am 17. September 1589. Kepler hatte anfangs, wie jeder Student in der damaligen Zeit, die Vorlesungen der sog. Artisten-Fakultät zu hören, in deren Bereich auch Mathematik und Astronomie gehörten. Die Professoren der Theologie wie auch der amtierende Stifts-Superintendent waren Männer, die sehr auf die Reinhaltung der lutherischen Lehre von revolutionärem Gedankengut bedacht waren. Der verantwortliche Vorsteher des Theologen-Stifts wachte mit äußerster Strenge über die geistige Entwicklung seiner Schüler, vor allem hinsichtlich des Auftretens vom Glauben abweichender Meinungen etwa im Sinne Calvins, des Ideologen des fortschrittlichsten Bürgertums jener Zeit, oder gar Thomas Müntzers, des Führers der nach Luther „räuberischen und mörderischen Bauern", oder auch in den Auffassungen über die Natur. Aber gerade darin sollte ihm der junge Kepler bald große Sorgen bereiten.

Ohne eines seiner Pflichtfächer zu vernachlässigen, fand er ein besonderes Interesse an dem Studium der Mathematik und Astronomie. Sein Lehrer in diesen Fächern war der Professor der Mathematik in Tübingen, Michael Mästlin, der 1588 ein gutes Lehrbuch der Astronomie verfaßt hatte und außerdem durch Beobachtungen besonderer astronomischer Erscheinungen, wie der von Tycho eingehend behandelten Nova im Sternbild der Cassiopeia vom Jahre 1577, bekannt geworden war. An der Universität in Tübingen war es ebenso wie in Wittenberg verboten, die copernicanische Lehre zu verbreiten, da sie von Luther wegen ihres Widerspruchs zur Bibel schroff abgelehnt worden war. Mästlin vertrat in seinem Lehrbuch der Astronomie daher gleicherweise wie in seinen Vorlesungen das ptolemäische Weltsystem. Innerlich schien er jedoch von der Richtigkeit des heliozentrischen

Planetensystems überzeugt zu sein, und die begabteren unter seinen Hörern hatten dies auch bald herausgehört. Obwohl Mästlin nicht der Mann war, seine Existenz aufs Spiel zu setzen, indem er öffentlich für das copernicanische Weltsystem eintrat, und vor allem in späteren Jahren von derartigen Neuerungen ängstlich abriet, war er derjenige unter Keplers Hochschullehrern, der auf sein späteres Wirken als Vollender des heliozentrischen Systems den entscheidenden Einfluß ausgeübt hat.

Das Verhältnis gegenseitiger Achtung zwischen Lehrer und Schüler blieb auch später bestehen und wurde nur gelegentlich durch die unterschiedlichen Standpunkte getrübt, die verhinderten, daß sie über denselben Gegenstand einer Meinung sein konnten. Wie oft werden beide in Tübingen auch über öffentlich verbotene Fragen diskutiert haben, über die copernicanische Lehre und ihre weiterreichenden Konsequenzen. Die Idee der Bewohnbarkeit anderer Planeten, wenn auch an einem ungeeigneten Objekt, unserem Mond, konzipiert, mag damals in Kepler aufgetaucht und durch die Jahrzehnte seines Lebens getragen worden sein bis zur Fertigstellung des Manuskriptes kurz vor seinem Tode. Mästlin förderte später seinen ehemaligen Schüler durch ein positives Gutachten über das Erstlingswerk, den „Vorboten kosmographischer Abhandlungen" (siehe S. 25 f.). Dieses Gutachten war zur Freigabe für den Druck in einer Tübinger Druckerei notwendig, Kepler hat andererseits im „Optischen Teil der Astronomie" (siehe S. 36) Mästlins Erklärung des aschgrauen Lichtes des Mondes, das man um die Zeit des Neulichtes neben der hellen Mondsichel sehen kann, als Widerschein der Erde bekanntgemacht. Kepler drückte später in einem Briefe an Mästlin seine Dankbarkeit in der ihm eigenen bilderreichen Sprache einmal so aus:

Bester Lehrer, Du bist die Quelle des Flusses, der meine Felder befruchtet.

Mästlin dagegen drückte seine Meinung seinem großen Schüler gegenüber neidlos aus:

Wenn ein Tag den anderen lehrt, warum sollen wir Älteren die Werke der Jüngeren nicht ebenso schätzen, wie wir wünschen, von ihnen geachtet zu werden. Durch die Nachkommen, nicht durch die Voreltern, steigen Künste und Wissenschaften zum Gipfel empor.

Da Kepler als Tübinger Student trotz seines großen Interesses für Mathematik und vor allem Astronomie nicht an einen Wechsel des Studienzieles dachte, betrieb er sein ganzes Studium mit großer Gewissenhaftigkeit und dem Streben nach einer allseitigen Bildung. Er besuchte die Vorlesungen der griechischen und hebräischen Sprache, hörte weiter Dialektik, Ethik, Geschichte und Physik. Seine Fortschritte, ausgewiesen durch die meist vorzüglichen Noten seiner Zeugnisse, rechtfertigten die Aufwendungen, die von der landesfürstlichen Stiftung und seiner Vaterstadt gewährt wurden. Nach Ablauf des Stipendiums der Stadt Weil befürwortete sogar der Senat der Stadt Tübingen dessen Erneuerung für Kepler. In der Beurteilung heißt es in der damaligen Ausdrucksweise u. a.:

Dieser sei dermaßen eines vortrefflichen und herrlichen Ingenii, daß seinethalben etwas Absonderliches zu hoffen.

Noch nicht zwanzigjährig erlangte er in einem glänzenden Examen als Zweitbester unter vierzehn Bewerbern am 11. August 1591 die philosophische Magisterwürde, was nach unseren heutigen Begriffen etwa dem Abschluß des Grundstudiums entspricht. Mit dem Jahre 1592 begann er das gewöhnlich drei Jahre dauernde Studium der Theologie. Seiner von Hause aus christlichen Gesinnung folgend, betrieb er dieses Studium mit großem Eifer. Seinen Vorgesetzten, vor allem den Professoren der Theologie Stephan Gerlach und Matthias Hafenreffer gefiel seine schnelle Auffassungsgabe. Man mußte seine Kenntnisse und Fähigkeiten, vor allem seine Beredsamkeit, die einen guten Prediger versprach, anerkennen, konnte an seinem frommen Lebenswandel nichts Nachteiliges finden, doch stieß man sich an seiner wissenschaftlichen Selbständigkeit. Seinem klaren Verstand konnte der Widerspruch nicht verborgen bleiben, daß man einerseits eine selbständige Auslegung der Bibel zuließ, andererseits aber keinerlei von der offiziellen Meinung der lutherischen kirchlichen Autoritäten abweichende Einsicht und Überzeugung duldete. Bei aller Gläubigkeit war es ihm daher nicht möglich, seine Zustimmung zur sog. Konkordienformel zu geben, dem Glaubensbekenntnis der Lutheraner, da ihm das Unhaltbare der darin gegebenen Behauptungen klar einleuchtete. Seine freimütigen Äußerungen erregten bei seinen Lehrern teils große Bestürzung, teils bewirkten sie eine bleibende Voreingenommenheit gegen seine Person.

Am stärksten traten die unterschiedlichen Meinungen angesichts der Widersprüche zwischen Theologie und Naturwissenschaft zutage. Sein Lehrer Hafenreffer, der damals selbst noch nicht so unduldsam war, jedoch die Engherzigkeit seiner Amtsbrüder besser kannte als Kepler, versuchte den jungen Feuergeist zu dämpfen und ihn von zu kühnen, unbedachten Schritten zurückzuhalten. Dazu war allein er in der Lage; denn Kepler hatte zu ihm ein Verhältnis wie zu einem älteren Bruder. Diese Freundschaft war zunächst von Bestand. Als Kepler später bereits seinen neuen Lebensweg ging, gab ihm Hafenreffer brieflich den Rat, bei Veröffentlichungen über die astronomische Lehre des Copernicus zu vermeiden, eine Übereinstimmung mit der Bibel herauszuarbeiten zu wollen. Am richtigsten wäre es, die astronomischen Ergebnisse als Hypothesen darzustellen und jede Erwähnung der Bibel zu unterlassen. Aus dem Jahre 1593 stammt eine Aufzeichnung von Kepler über seine Einstellung zur heliozentrischen Lehre des Copernicus:

In Tübingen habe ich häufig in den physikalischen Disputationen der Kandidaten die Lehre des Kopernikus verteidigt und eine sorgfältige Disputation über die erste Bewegung, welche die Umwälzung der Erde bewirkt, geschrieben.

Kepler erkannte, daß seine Lage im Tübinger Stift mit der Zeit für ihn unhaltbar wurde, er war aber nicht zum Nachgeben, oder wie er selbst sagte, zum Heucheln bereit. Die nicht einheitliche Auffassung unter seinen Vorgesetzten hatte ihm ohne sein Zutun noch eine Frist gegeben. Da trat ein Ereignis ein, das seinem Lebensweg eine neue Richtung geben sollte.

Im Jahre 1593 war der Mathematikprofessor Stadius des ständisch-protestantischen Gymnasiums in Graz verstorben, und die Steirischen Stände wandten sich wegen eines Nachfolgers an die Tübinger Universität. Keplers Gegner erkannten hier sofort eine Gelegenheit, den nach ihrer Meinung für ein Kirchenamt untauglichen Theologen abzuschieben; seine Freunde, wie Hafenreffer und vor allem Mästlin, befürworteten den Plan, um Schlimmeres zu verhüten. Man kannte seine mathematisch-astronomische Begabung und hielt ihn für die Nachfolge des Landschafts-Mathematikers geeignet. Als der Kanzler der Tübinger Universität ihm diese Stelle antrug, war Kepler zunächst unschlüssig. Der Wunsch seiner Angehörigen, seine Liebe zur Heimat, die Verpflichtung seinem Landesfürsten gegenüber, dessen Stipendium ihm das bisherige Studium ermöglicht hatte, und sein eigener Wunsch nach einer abgeschlossenen Ausbildung an der Universität ließen ihn um Bedenkzeit bitten, zumal er sich selber nicht hinreichend befähigt glaubte, das angetragene Amt ausfüllen zu können. Andererseits lockte ihn freilich auch die angebotene unabhängige Stellung. Schließlich entschloß er sich nach manchem Zureden, wenn auch mit einer gewissen inneren Unsicherheit, die Stelle anzunehmen, jedoch mit dem ausdrücklichen Vorbehalt, seine theologischen Studien noch vollenden zu wollen und zu dürfen.

3 Kepler als junger Magister in Graz

Das Einverständnis lag im Februar 1594 vor, er wurde aus den württembergischen Diensten entlassen und trat, nachdem er zuvor nochmals seine Angehörigen besucht hatte, am 13. März 1594, begleitet von einem Vetter, die Reise nach der fernen Steiermark an. Er wurde in Graz freundlich empfangen. Man ersetzte ihm sogleich die Reisekosten. Der noch nicht dreiundzwanzigjährige Magister hielt in der Grazer Landschaftsschule am 24. Mai seinen ersten Lehrvortrag und hatte damit eine Stellung angetreten, die für sein weiteres Leben und seine künftigen wissenschaftlichen Leistungen entscheidend und richtungsweisend werden sollte.

Kepler in Graz (1594–1600)

Als Professor an der obersten Klasse der evangelischen Stiftsschule in Graz oblag ihm zunächst nur der Unterricht in Mathematik, was Kepler weder zeitmäßig noch geistig auslastete, zumal
die Zahl seiner Hörer nicht groß war. Um eine höhere Besoldung
zu erhalten, verpflichtete er sich noch zur Übernahme weiterer
Fächer: Latein und Rhetorik.
Zu seinen außerschulischen Pflichten als Landschafts-Mathemati-
ker gehörte die Herausgabe des steirischen Landeskalenders, der
zugleich allerlei Prognostiken enthalten mußte, worunter man
damals Witterungsverhältnisse und bedeutende Ereignisse des
betreffenden Jahres verstand. Schon beim ersten Kalender für
das Jahr 1595 hatte Kepler zufälligerweise eine glückliche Hand.
Da von seinen Vorhersagen der strenge Winter, ein Türkeneinfall
und die oberösterreichischen Bauernunruhen eintrafen, brachten
ihm diese Prognosen gleich die Achtung und das Vertrauen weiter Kreise ein. Wiewohl er die Technik des Horoskopestellens
beherrschte und die Kalenderprognostiken den Anschein erwek-
ken ließen, als seien sie aus astrologischen Untersuchungen gewonnen, verließ er sich dabei doch wesentlich auf seine meteoro-
logischen Kenntnisse, seine politische Kombinationsgabe und
menschliche Erfahrung. Hier zeigte sich, daß Kepler die Vorgänge in Europa mit scharfem Blick verfolgte; denn wie sonst
hätte er die kriegerischen Absichten des in Ungarn lagernden
Türkenheeres vorausahnen können. Ebenso wußte er, daß im
Großen Deutschen Bauernkrieg die Feudalherren zwar die Ober-
hand behalten hatten, die Ursachen für bewaffnete Erhebungen
der bis zum letzten ausgepreßten Bauern aber mit dem Feudal-
system weiter wirkten, und er wußte auch, wo die Situation besonders spannungsgeladen war.
Von seiten der Astrologen wird immer wieder zur Stärkung ihrer
Position auf die astrologische Einstellung Keplers hingewiesen.
Doch ganz zu Unrecht. Seine Überzeugung vom Bestehen gewis-
ser Beziehungen zwischen dem Kosmos und dem irdischen

Lebensraum, die er nach damaligem Sprachgebrauch astrologisch
nannte, würde er heute als solar-terrestrische Einflüsse bezeichnen, deren umfangreiche und vielgestaltige Wirkungen auch heute
noch keineswegs restlos erforscht sind.

Unzweideutig aber ist seine Einstellung zu dem, was man allgemein und schlechthin als Astrologie bezeichnet. In einem Brief
vom September 1599 an den bayrischen Kanzler Herwart von
Hohenburg, einen ehemaligen Studenten des Tübinger Stiftes,
rechtfertigt er seine astrologische Tätigkeit:

Wenn ich bisweilen Nativitäten (Horoskope) und Kalender schreibe, so ist
mir das, bei Gott, eine höchst lästige Sklavenarbeit, aber eine notwendige,
damit ich nicht für kurze Zeit frei wäre und hernach umso schimpflicher
fronen müßte. Um also das jährliche Gehalt, meinen Titel und Wohnort
zu halten, muß ich törichtem Vorwitz willfahren.

4 Titelblatt eines von
Kepler verfaßten Ka-
lenders

Noch deutlicher äußerte er sich über die Kalenderprognostiken
in einem Brief an Mästlin. Er schickte seinem ehemaligen Lehrer
den Kalender für 1599 und schrieb dazu:

Es ist vieles darin, was mit Bedacht entschuldigt werden muß oder aber meinem Ruf bei Euch schadet. Die Sache ist die: ich schreibe nicht für die große Menge, noch für gelehrte Leute, sondern für Adelige und Prälaten, die sich ein Wissen um Dinge anmaßen, die sie nicht verstehen ... Bei allen Prognostiken sehe ich darauf, daß ich mit Sätzen, die sich gerade darbieten und die mir wahr erscheinen, meinem oben umschriebenen Leserkreis einen frohen Genuß an der Größe der Natur bereite, in der Hoffnung, die Leser lassen sich vielleicht dadurch zu einer Erhöhung meines Gehaltes verlocken.

In der neben seinen Pflichten noch verbleibenden freien Zeit beschäftigte sich Kepler mit astronomischen Fragen. Nach einer bereits als Student gewonnenen Vorstellung suchte er, angeregt durch die pythagoräische Lehre der Sphärenharmonien, nach einem gesetzmäßigen Aufbau der Welt in Maß und Zahl. Daß bei ihm, der aufrichtigen Sinnes in der Welt der Theologie aufgewachsen war, Gedanken an den göttlichen Baumeister immer wieder in die Betrachtungen einfließen, darf uns nicht verwundern. Darin war er ein Kind seiner Zeit, das mit den Füßen noch auf dem Boden des Mittelalters stand, mit seinen Gedanken aber bereits in unsere Zeit hineinreichte.

Bei seinen Betrachtungen über die Planetenabstände entdeckte er die Lücke zwischen Mars und Jupiter, in der ein Planet stehen müßte und in der sich, wie wir heute wissen, die Hauptmasse des Systems der Planetoiden befindet. Als ihm dann am 19. Juli 1595 der Kerngedanke seines „kosmographischen Geheimnisses" kam, verschenkte er diese Entdeckung zugunsten einer, wenn auch vielbewunderten, Spekulation. Es handelt sich um sein Erstlingswerk, dessen Titel, ins Deutsche übertragen, lautet: „Vorbote kosmographischer Abhandlungen enthaltend das Weltgeheimnis".

Im Gegensatz zu Galileo Galilei, der mit seinen unbelehrbaren und intoleranten Gegnern diskutiert oder später in dem „Dialogo" den Vertreter des alten Systems mit schwachen Argumenten auftreten läßt, zieht Kepler das copernicanische Planetensystem gar nicht erst in die Diskussion hinein, sondern es ist bei ihm einfach da, eine feste Gegebenheit und tritt eingekleidet in eine damals viel beachtete neue Idee in Erscheinung. Nach dieser seiner Vorstellung bildet die Erdbahn das Grundmaß für den gesamten Bauplan des Planetensystems. Kepler nimmt vereinfachend für alle Planetenbahnen konzentrische Kreise an, aus

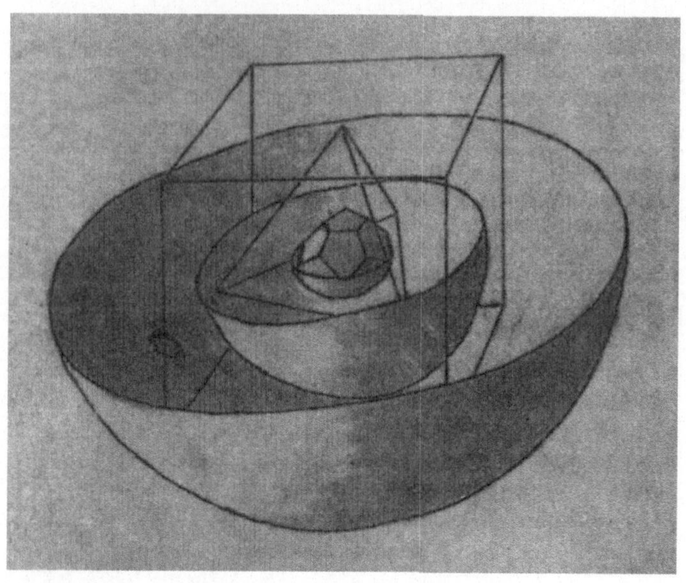

5 Figur des Weltgeheimnisses mit Sphären der Planeten Mars, Jupiter, Saturn, dazwischen Dodekaeder, Tetraeder, Hexaeder

denen er durch Rotation um einen Durchmesser Kugelflächen verschiedener Radien erhält, die Sphären der einzelnen Planeten. Das von ihm dargelegte Weltgeheimnis soll nun darin bestehen, daß zwischen den sechs damals bekannten Planeten die fünf regelmäßigen oder Platonischen Körper so eingelagert werden, daß jeder der fünf Körper von einer einbeschriebenen und umbeschriebenen Planetensphäre berührt wird. Das sieht folgendermaßen aus (Abb. 5): Die Erdsphäre wird vom Dodekaeder umschlossen, das in der Marssphäre eingeschlossen ist. Die verhältnismäßig große Abstandslücke zwischen Mars und Jupiter hält das Tetraeder offen, das die Marssphäre von außen berührt und mit den Ecken in der Kugel der Jupiterbahn steht. Die Jupiterbahn wird vom Hexaeder oder Würfel umschlossen, der die Saturnbahnkugel von innen berührt. Innerhalb der Erdsphäre liegt das Ikosaeder, das die Venussphäre von außen umfaßt. Innerhalb der Venusbahn liegt schließlich das Oktaeder, dem die Merkursphäre einbeschrieben ist. Im Mittelpunkt der Planetensphären sowie der Platonischen Körper befindet sich die Sonne.

Daß der noch nicht vierundzwanzigjährige Kepler von diesem kunstvoll geschaffenen Modell des Sonnensystems selber entzückt war, kann man ihm durchaus nachfühlen. Wie aber war die Wirkung seines Erstlingswerkes auf die Mitwelt?

Die Gegner des copernicanischen Systems lehnten grundsätzlich die Herausstellung der im Widerspruch zur Bibel stehenden Lehre ab. Die Folge war, daß Kepler keinen Verleger fand, der das Buch drucken wollte. So wandte er sich an seinen Lehrer Mästlin. Der gab zum Verdruß der meisten Kollegen ein positives Gutachten ab und konnte sogar den Senat von seinem Urteil überzeugen. Er hatte lediglich bemängelt, daß die Anforderungen an den Leser zu hoch wären, und meinte, man sollte Kepler veranlassen, die schwierigsten Stellen leichter verständlich darzulegen. Das Theologenkollegium forderte außerdem die Streichung des Kapitels, in dem der Versuch gemacht war, das heliozentrische Planetensystem mit der Bibel in Übereinstimmung zu bringen.

Kepler beugte sich schließlich dieser Bedingung, erreichte dadurch aber, daß sein Werk überhaupt und bereits im folgenden Jahre auf der Frankfurter Buchmesse zu haben war. Er übersandte mancher hochgestellten Persönlichkeit ein Exemplar des „Vorboten kosmographischer Abhandlungen". Viele der Beschenkten, darunter sein Landesfürst, waren von den originellen Gedanken sehr angetan.

Galilei, der den „Prodromus (Vorboten)" anscheinend sogar gelesen hatte, schrieb an Kepler mit begeisterten Worten. Er betonte in dem Brief besonders seine Freude darüber, endlich einen Bundesgenossen gefunden zu haben, der die copernicanische Lehre als richtig erkannt und zugleich den Mut hat, die erkannte Wahrheit öffentlich zu vertreten. Ihm selber sei dies noch nicht möglich, wegen der zahlreichen Gegner, die das heliozentrische Weltsystem allenthalben bekämpfen.

Nachdem sein „Weltgeheimnis" einmal bekannt geworden war, erhielt Kepler anerkennende und ehrende Schreiben von angesehenen Persönlichkeiten und namhaften Gelehrten des In- und Auslandes.

Gegen Ende des Jahres 1597 schickte Kepler auch an den hochberühmten dänischen Astronomen Tycho Brahe ein Exemplar und erbat in einem Begleitschreiben dessen kritisches Urteil, das ihm willkommener sein würde als alle Lobeserhebungen der ganzen Welt. Die umfangreiche Antwort Tychos erhielt er erst nach einigen Monaten. Darin bedankt sich Brahe, der sich das Buch freilich schon früher gekauft und größtenteils gelesen hatte, und sprach in anerkennenden Worten über die zugrundeliegende Idee sowie die Gewandtheit der Darstellung. Zugleich aber machte Brahe darauf aufmerksam, daß die von Copernicus angenommenen mittleren Abstände der Planeten, die Kepler im „Prodromus" verwandt hatte, noch recht unsicher wären, was seine eigenen Beobachtungen, besonders beim Planeten Mars zeigten. Ein endgültiges Urteil sei deshalb erst nach Bearbeitung seiner Beobachtungen möglich. Weiter wies er darauf hin, daß es wahrscheinlich überhaupt keine Sphären im Weltraum gäbe, sondern die Himmelskörper auf Bahnen dahinziehen, die sich möglicherweise durchkreuzten. Dies hätten seine Kometenbeobachtungen bewiesen. Er gab schließlich Kepler den Rat, seine spekulativen Untersuchungen durch gute Beobachtungen zu untermauern und lud ihn zu einem Besuch und zu kollegialem Gedankenaustausch ein.

Brahe hatte wohl erkannt, daß er einen wissenschaftlichen Mitarbeiter wie Kepler brauchte, um den Schatz seiner Beobachtungen, wie er hoffte, zur Bestätigung seines eigenen Weltsystems bearbeiten zu lassen. Kepler dagegen brauchte Zeit, um mit dieser neuen Situation fertig zu werden.

Der wissenschaftliche Erfolg eines Naturforschers wird nicht nur durch seinen Intellekt bedingt, sondern hängt auch von seinem Charakter ab. Er muß bereit sein, neue Tatsachen anzuerkennen, unabhängig davon, ob sie seiner bisherigen Vorstellung entsprechen oder im Widerspruch damit stehen. Kepler stand am Scheideweg seiner wissenschaftlichen Tätigkeit und zeigte nun seine wirkliche Größe als Naturforscher. Er mußte sich entscheiden, und er tat es. Er rückte ab von seinen spekulativen und faszinierenden Gedankenkonstruktionen über den Weltbau und stellte sich darauf ein, das Ordnungsprinzip des Kosmos aus neuen und genaueren Beobachtungsdaten zu gewinnen. Die aber besaß wiederum Brahe, der, wenn auch wohl begründet, sein Weltmodell in Frage gestellt hatte. Doch hielt auch die große geographische Entfernung Kepler zunächst davon ab, der Einladung Tycho Brahes Folge zu leisten, und er verschob den Besuch auf später.

Am 27. April 1597 hatte Kepler Barbara Müller von Mühleck geheiratet. Sie war bereits zweimal Witwe geworden und brachte aus erster Ehe eine fünfjährige Tochter, Regina Lorenz, mit. Zwischen der ersten Bekanntschaft und der Hochzeit verging mehr als ein Jahr. Barbara war adelig, und ihre Angehörigen verlangten von Kepler den Nachweis seiner adeligen Herkunft. Zur Beibringung der Adelsurkunde mußte er in die Heimat reisen. Dabei ging er zu seiner Mutter, sah seine dreizehn Jahre jüngere Schwester Margaretha, der er herzlich zugetan war, und besuchte auch seinen Lehrer Mästlin in Tübingen, wo er den bereits gedruckten „Prodromus" sehen konnte. Alle diese Erledigungen zogen sich so in die Länge, daß er fast sieben Monate von Graz abwesend war. Währenddessen hatte die Verwandtschaft es verstanden, Barbara und ihre Eltern von der Heirat abzubringen. Es bedurfte großer Anstrengungen von seiten Keplers und seiner Freunde, alles wieder zum Guten zu wenden. Wie diese Episode sich aus Keplers Sicht ausnahm, hat er sich unter dem 10. Februar 1597 notiert:

Froh kehrte ich nach Steiermark zurück. Als mich bei meiner Ankunft niemand beglückwünschte, wurde mir insgeheim mitgeteilt, ich hätte meine Braut verloren. Nachdem sich die Hoffnung auf die Ehe in einem halben Jahr tief eingewurzelt hatte, brauchte es ein weiteres halbes Jahr, bis sie wieder herausgerissen war und bis ich mich ganz überzeugte, daß es nichts sei, und einen anderen Lebensweg einschlug. Als alle Hoffnung geschwunden und der Ausgang schon bei der Behörde gemeldet war, erfolgte ein neuer Umschwung. Die Menschen wurden durch die amtliche Vormacht bewegt und durch den Spott, wenn sie sich zeigten. Demnach bearbeiteten alle um die Wette den Sinn der Witwe und ihres Vaters, bezwangen ihn und bereiteten mir so eine neue Heirat. Durch diesen Ansturm wurden alle meine Entscheidungen für einen Lebenswechsel umgestoßen. So wenig steht der morgige Tag in der Gewalt des Menschen.

Trotz der Verschiedenheit der beiden Gatten begann die Ehe zunächst gut. Seine Frau schenkte ihm in Graz zwei Kinder, am 2. Februar 1598 den Sohn Heinrich und im Juni 1599 die Tochter Susanne. Der Tod seines ersten Kindes am 4. April 1598 war für Kepler ein schwerer Schlag, den er nur langsam überwand. Ihm folgte der zweite Schlag, als auch seine Tochter 35 Tage nach der Geburt starb. Seine Frau charakterisierte Kepler durch folgende Worte:

Graz, 9. April 1599. Meine Frau wird in der ganzen Stadt wegen ihrer
Tugend, Züchtigkeit und Bescheidenheit gerühmt. Dennoch ist sie nahezu
einfältig und von dickem Körper. Von Jugend an wurde sie von den
Eltern hart gehalten. Kaum herangewachsen heiratete sie gegen ihren
Wunsch einen Vierzigjährigen. Als dieser sogleich starb, heiratete sie einen
anderen gleichen Alters, aber lebhaften Geistes. Doch dieser war kein
Mann und verbrachte die vier Jahre, die er in dieser Ehe lebte, mit
Krankheiten. Als Dritten heiratete sie mich, einen Armen in einer veräcbt-
lichen Stellung, obwohl sie vorher reich war. Ihre Güter wurden durch ein
Unrecht lange zurückgehalten. Sie kann sich nur eine Magd leisten, die
krumm ist. In allen Geschäften ist sie schwerfällig und verwickelt. Auch
gebärt sie schwer.

In diesen Jahren zogen drohende politische Gefahren herauf.
Kepler sah diese Gefahren mit seinem auch in solchen Dingen
scharfen Blick klar voraus. Der Regentenwechsel in Österreich
ließ das Einsetzen der Gegenreformation erwarten, vor allem
deshalb, weil der neue Erzherzog Ferdinand seine Ausbildung
bei den Jesuiten in Ingolstadt genossen hatte. Die verworrenen
Verhältnisse der damaligen Zeit lassen sich daran erkennen, daß
ein Verwandter Keplers, Dr. Fikler, der ebenfalls aus Weil der
Stadt stammte, als Gegenreformator Österreichs auf die Erziehung des kommenden Regenten starken Einfluß genommen hatte
und nun auf diese Weise Unruhe und Aufregungen in das Leben
seines protestantischen Verwandten brachte.
Am Morgen des 28. September 1598 erging der Befehl an alle
protestantischen Angestellten der Kirche und Stiftsschule, bis zum
Sonnenuntergang die Stadt Graz und innerhalb einer Woche
das Land des Erzherzogs unter Androhung der Todesstrafe zu
verlassen. Unter Zurücklassung der Frauen und Kinder wandten
sich die Vertriebenen nach Ungarn und Kroatien. Kepler hatte
sich mit einigen Kollegen nach Ungarn begeben, erhielt dort aber
nach einem Monat den Befehl, nach Graz zurückzukehren. Wem
er diese Vergünstigung verdankte, ist nicht ganz geklärt. Er hatte
einen Onkel Sebald, der Jesuit war, pflegte gelegentlich auch mit
anderen Jesuiten einen wissenschaftlichen Briefwechsel. Außerdem war seine tolerante Haltung gegenüber Andersdenkenden
ebenso bekannt wie die Tatsache, daß er sich aus Überzeugung
nicht an den theologischen Streitigkeiten beteiligt hatte. Vielleicht mochten die Jesuiten auch hoffen, ihn dieser seiner Haltung wegen zum alten Glauben zurückführen zu können. Sicherlich hatte er am Hofe auch Gönner, und der Erzherzog

Keplers Wirken in Prag (1600–1612)

An der künftigen Wirkungsstätte Keplers waren inzwischen einige Veränderungen eingetreten. Brahe hatte Order erhalten, seine provisorisch auf Schloß Benatek eingerichtete Sternwarte nach Prag zu verlegen, da der Kaiser den berühmten Astronomen in seiner Nähe wissen wollte. Er zeigte Interesse am Fortgang der Arbeiten sowie an der Alchemie und schätzte gelegentlich astronomische Gespräche unter astrologischen Gesichtspunkten. Für die Belange Brahes war ein Haus erworben worden, in dem auch für Kepler eine Wohnung vorgesehen war.

An den astronomischen Arbeiten beteiligten sich außer Kepler noch zwei mathematisch-technische Hilfskräfte, und Brahe hatte einen Arbeitsplan aufgestellt, nach dem Kepler den Mars, sein Schwiegersohn Tengnagel die Venus und der Gehilfe Christian Longomontanus den Mond bearbeiten sollten, wogegen sein Sohn im alchemistischen Laboratorium tätig war. Brahe selbst behielt die Leitung in seinen Händen.

Das Leben Keplers während des zwölfjährigen Aufenthaltes in Prag verlief im wesentlichen frei von ernsten äußeren Störungen, jedoch blieben ihm häuslicher Kummer und berufliche Aufregung nicht erspart. Gleich in der ersten Zeit mußte er monatelang auf sein Gehalt warten. Durch den persönlichen Einfluß Herwarts wurde eine erste größere Summe ausgezahlt.

Die beiden verschieden veranlagten großen Astronomen waren nun zusammengekommen: Tycho Brahe, der Dreiundfünfzigjährige, durch den Schatz seiner in 35 Jahren gewonnenen Beobachtungen im Besitz der Schlüsselposition, jedoch von seinem geozentrischen Weltsystem überzeugt, im übrigen krank und von Heimweh geplagt, und der erst achtundzwanzigjährige Kepler, voll jugendlicher Schaffenskraft und in der Hoffnung auf die genauen Beobachtungsdaten, überzeugter Anhänger des copernicanischen Weltsystems und von dem Verlangen beseelt, auf einem ihm allerdings noch unbekannten Wege den Aufbau und die Bewegungsverhältnisse des Planetensystems zu erforschen. Es muß für ihn eine Enttäuschung gewesen sein, als er merkte, daß der mißtrauische Brahe ihm nicht die für seine Arbeit notwendigen vollständigen Marsbeobachtungen anvertraute, sondern nur hin und wieder einen kleinen Teil der gemessenen Koordinaten des Planeten gab. So kam es zu Spannungen zwischen beiden, und auf die Dauer wäre ein ernster Konflikt und eine schließliche Trennung kaum zu vermeiden gewesen. Da löste der Tod Tycho Brahes das dem Werk abträgliche gespannte Verhältnis der beiden Männer.

Kepler war im September 1601 gerade von einer Reise aus Graz zurückgekehrt, wo er seit April zur Ordnung seiner Vermögensangelegenheit weilte, als Brahe an Urämie erkrankte. Dem Tode nahe ließ er seinen Mitarbeiter rufen und nahm ihm das Versprechen ab, er möge die Bewegungen der Planeten im Sinne seines astronomischen Kompromißsystems darzustellen versuchen. Als Brahe am 24. Oktober 1601 starb, hatte die persönliche Begegnung der beiden Männer ein knappes Jahr gedauert. Bei aller Verschiedenheit des Charakters hat Kepler das Lebenswerk Brahes stets hoch geachtet. Er betrauerte aufrichtig den Tod des „Fürsten der Astronomie", bei dem er zugegen war, und verfaßte eine Elegie auf sein Leben und seine Bedeutung für die Astronomie. Wenige Tage nach Brahes Tod erfuhr Kepler, daß Rudolph II. sein bisher noch nicht bewilligtes Gehalt genehmigt hatte. Kurz darauf trug man ihm die Stellung des Kaiserlichen Mathematikers an, die der im Jahre 1600 verstorbene Reimarus Ursus innehatte, und ersuchte ihn, als Nachfolger Brahes sich um dessen Instrumente zu kümmern und für die Fertigstellung der unvollendeten Arbeiten des Verstorbenen zu sorgen. Zugleich sollte er einen neuen Arbeitsplan aufstellen und einen Kostenanschlag für die Ausarbeitung und die Drucklegung von Brahes astronomischem Nachlaß einreichen. Wie wenig erfahren Kepler im Umgang mit staatlichen Finanzstellen war, geht daraus hervor, daß er für die oben genannten Arbeiten die Hälfte der jährlich von Brahe bezogenen Summe, nämlich 1500 Gulden ansetzte und hinzufügte, daß bei Bewilligung von 3000 Gulden durch Hinzuziehung zusätzlicher, tüchtiger Hilfskräfte die Arbeiten früher zum Abschluß kämen. Die Höhe seines eigenen Gehaltes überließ er dem Gutdünken des Kaisers, der für ihn als Besoldung 500 Gulden im Jahre bewilligte.

Herwart beglückwünschte Kepler in einem Briefe vom 28. Juni 1602 zu seiner Berufung als Mathematiker Seiner Heiligen Kaiserlichen Majestät und zu dem, wie er sich ausdrückte, „königlichen" Gehalt. Als bayrischer Kanzler kannte er aber die Gepflogenheiten am Prager Hof besser als Kepler und fügte gleich hinzu „... dabei ich wünschen wollte, daß Ihr auch dieser Besoldung zur rechten Zeit wirklich habhaft werden möchtet". Kepler sollte nur zu bald erfahren, wie recht Herwart mit seiner Anspielung hatte und wie schwer es bisweilen wurde, die ausgesetzte Besoldung von dem kaiserlichen Schatzmeister zu erhalten. In einer Notiz vom September 1603 heißt es:

Vom Gehalt dieses Jahres, zu dessen Ende nur ein Trimester fehlt, habe ich bis jetzt nichts erhalten. Das Jahr verbringe ich mit nichts anderen, als solche Schwierigkeiten zu mildern.

Die Leere in den kaiserlichen Kassen war auch einer der Gründe, weshalb die Verhandlungen mit den Erben Brahes über den Ankauf der Instrumente und vor allem der schriftlichen Aufzeichnungen und Beobachtungstagebücher nicht vorwärtskamen. Vor allem aber gab es Streitigkeiten mit Brahes Schwiegersohn Tengnagel, dem von Brahe zuletzt noch die Bearbeitung der Planetentafeln übertragen worden war und der dazu kaum instande war. Er hatte aber erreicht, daß vorübergehend die Instrumente und Manuskripte Brahes für Kepler gesperrt wurden. Auf die Instrumente hätte Kepler, der wegen der Sehschwäche seiner Augen nur bei besonderen Anlässen beobachtete, umso eher verzichten können, als ihm bei gegebenem Anlaß die Instrumente des Barons v. Hoffmann und des Hofuhrmachers Jost Bürgi (erfand 1603 bis 1611 vor Napier die Logarithmen, veröffentlichte sie aber erst später) zur Verfügung standen; ohne die Beobachtungsjournale hätte er jedoch den Hauptteil seiner geplanten Arbeiten nicht ausführen können. Der Streit wurde beigelegt, die Kammer stellte den ursprünglichen Zustand wieder her.
In den nun folgenden zehn Jahren konnte sich Kepler verhältnismäßig ungestört seinen wissenschaftlichen Studien und Arbeiten widmen. Bevor diese Klärung erreicht war, hatten er und seine Familie vor allem in finanzieller Hinsicht unter der schwerfällig arbeitenden Hofkanzlei zu leiden gehabt. Nachdem er in Graz sein Gehalt durch Herausgabe der sechs Kalender für die

Jahre 1595 bis 1600 aufgebessert und durch die dazugehörigen Prognostiken seinen Ruf als Kalendermacher begründet hatte, nutzte er diese Nebeneinnahmequelle auch während der ersten Prager Zeit und gab für die Jahre 1602 bis 1606 noch fünf weitere Kalender heraus. Erwähnenswert ist aus dem Kalender des Jahres 1602 die Darlegung seiner kosmischen Ideen, wobei er die „arabische Kunst", wie er die landläufige Astrologie nennt, in der Hauptsubstanz ablehnt, jedoch vorsichtig rät, „die Edelsteine aus dem Mist" auszulesen. In einer von den übrigen Prognostiken abweichenden Form entwickelt er auch inhaltlich neue Gedanken. So verwirft er z. B. die von Aristoteles vertretenen Qualitätsunterschiede in der Naturbetrachtung und fordert dafür Quantitätsangaben, ein für den damals einsetzenden Aufstieg der Physik wesentliches Moment.

Zu der im Oktober 1604 im Sternbild Schlangenträger erschienenen Nova (Nova = neuer Stern, ein mit bloßem Auge vorher nicht sichtbarer Stern, der in ein Stadium seiner Entwicklung tritt, wo er seine Energieausstrahlung in wenigen Stunden um das Tausend- bis Millionenfache erhöht) mußte er als Kaiserlicher Mathematiker schon von Amts wegen Stellung nehmen. Es war dies um so notwendiger, als die Nova in der Nähe der auf verhältnismäßig engem Raum zusammengekommenen drei äußeren Planeten Mars, Jupiter und Saturn aufgeleuchtet war und dabei noch im Maximum heller war als Jupiter. Ein so ungewöhnliches Zusammentreffen gab vielerorts Anlaß zu astrologischen Deutungen, gegen die er sich entschieden wandte.

Im gleichen Jahr erschien in Frankfurt auch das der Hofkammer bei seiner Berufung angekündigte Werk über Optik. Es trägt in Kurzschreibweise den Titel „Astronomiae pars Optica", zu deutsch „Optischer Teil der Astronomie", und gehört inhaltlich zu seinen großen Werken und hat seine Bedeutung für die damalige Weiterentwicklung der Astronomie. Angeregt wurde es durch seine Begegnung mit Brahe, dessen unsterbliches Verdienst es war, die astronomische Beobachtungsgenauigkeit gegenüber der Vorzeit um den Faktor zehn verbessert zu haben. Kepler, der die Bedeutung der Kenntnis der optischen Gesetze für die Genauigkeitssteigerung der astronomischen Beobachtungen richtig erkannt hatte, wollte in seiner „Optik" ein Werk schaffen, das auf die besonderen Belange der Astronomie zugeschnitten ist, ohne sich darin zu erschöpfen. Er fragte nach der Natur des Lichtes und der Farben, behandelte die Entstehung des Bildes in der „Camera obscura" und durch die Spiegel. Er stellte Betrachtungen über die Refraktion an, wobei er in die Nähe des Brechungsgesetzes kam, ohne es jedoch zu formulieren. Die Beschreibung der Erd- und Mondschattenentstehung führte ihn zur Darlegung des Ablaufs der Finsternisse und des Auftretens der Parallaxen. Weiter behandelte er den Sehvorgang des menschlichen Auges und gab die Wirkungsweise von Linsen bei Kurz- und Weitsichtigkeit an. In einem Kapitel über die Kegelschnitte betrachtete er die Parabel als Grenzkurve zwischen den Ellipsen und Hyperbeln, untersuchte die Brennpunkteigenschaften dieser Kurven und führte das Wort „Fokus" für Brennpunkt in die Fachsprache ein. Die Bedeutung dieses Buches läßt sich nicht besser ausdrükken, als es ein Fachmann getan hat. Moritz v. Rohr, der sich zu Anfang unseres Jahrhunderts mit der Grundlage der optischen Instrumente und der Geschichte der Physik befaßt hat, schreibt:

Kepler hat mit seinem Werk nicht allein die Aufgaben für eine neue Behandlung der Optik gestellt, sondern ihrer einige so mustergültig gelöst, daß wir auch heute auf den von ihm gezogenen Grundmauern weiterbauen.

Das Werk war dem Kaiser gewidmet, wofür dieser ihm 100 Taler auszahlen ließ. Vom Kurfürsten Maximilian von Bayern erhielt er für ein ihm übersandtes Exemplar 12 Gulden.
Drei kleinere Veröffentlichungen erschienen noch bis zum Jahre 1609. Die erste behandelte in Form eines Briefes die Sonnenfinsternis vom Oktober 1605 in populärer Form.
Die zweite Arbeit vom Jahre 1608 betraf den Kometen, der in den Monaten September und Oktober 1607 sichtbar war und den er zum Anlaß nahm, seine Ansichten über diese damals als böse Vorzeichen betrachteten Himmelskörper darzulegen. Dabei wandte er sich eingangs strikt gegen die Vorstellung des Aristoteles, der Kometen als Ausdünstungen in der Erdatmosphäre betrachtete. Ihre Anzahl nahm Kepler als sehr groß an „wie die Walfische im Ozean". Mit seiner Auffassung, daß die Kometen durch Kondensation aus der „Himmelsluft" gebildet sind, kam er der heutigen Vorstellung der Kosmogonie des Planetensystems ziemlich nahe, mit dem Unterschied, daß man heute statt Himmelsluft „interplanetares Medium" sagt. Weiter meint er, daß sie

nur sichtbar werden, wenn sie der Erde nahe kommen. Der Schweif bilde sich durch die Sonnenstrahlung, die den Körper des Kometen durchdringe und etwas von seiner Materie mit sich führe. Daß Kepler in dieser Arbeit den Kometen gradlinige Bahnen zuschreibt, ist dadurch bedingt, daß sich von der Sonne entfernende Kometen auf fast geraden Teilen der Parabel- und Hyperbelbahnen bewegen. Keplers Einstellung zur Astrologie scheint hier in einem neuen Lichte, wenn er feststellt, er halte eine Wirkung der Kometen auf den Menschen für möglich, was er aus der allgemeinen Aufregung schließen zu dürfen glaubte, die sich eines großen Teils der Menschen bemächtigt, wenn ein Komet erscheint.

Die dritte Veröffentlichung aus dem Jahre 1609 behandelte ein einzelnes Phänomen an der Sonne, das er selbst am 28. Mai 1607 durch eine kreisförmige Öffnung in einem verdunkelten Raum, also nach dem Prinzip der Lochkamera, beobachtet hatte. Er bemerkte auf dem projizierten Sonnenbild einen schwarzen Fleck wie eine kleine Fliege und hielt ihn für den Merkur vor der Sonnenscheibe, wogegen es sich in Wirklichkeit um einen Sonnenfleck gehandelt hatte. Als dann einige Jahre später durch Fernrohrbeobachtungen, die eine bessere Abbildung lieferten als die Lochkamera, die Existenz von Sonnenflecken sichergestellt war, erkannte er seinen damaligen Irrtum und berichtigte ihn.

Im gleichen Jahre 1609 erschien auch das Hauptwerk Keplers, das wohl ohne Übertreibung als eines der ganz großen Meisterwerke der Naturwissenschaften aller Zeiten bezeichnet werden darf sowohl hinsichtlich des lebendigen Stiles und der bilderreichen Sprache seines Autors als auch des für die Weiterentwicklung der Astronomie bedeutungsvollen Inhalts. Der einer damaligen Gepflogenheit entsprechend lang gefaßte Titel ist in der lateinischen Kurzbezeichnung: ASTRONOMIA NOVA, ausführlich in der deutschen Sprache:

„Neue Astronomie ursächlich begründet oder Physik des Himmels dargestellt in Untersuchungen über die Bewegungen des Sternes Mars auf Grund der Beobachtungen des Edelmannes Tycho Brahe. Auf Geheiß und Kosten Rudolphs II. In mehrjährigem, beharrlichem Studium ausgearbeitet zu Prag von Sr. Heil. Kaiserlichen Majestät Mathematiker Johannes Kepler, im Jahre 1609 der Dionysischen Zeitrechnung".

Verweilen wir kurz bei dieser weitschweifigen Überschrift. Die Bezeichnung „Neue Astronomie" besteht, wie die weiteren Ausführungen zeigen werden, vollauf zu Recht. Selbst Copernicus hatte bei der Begründung des heliozentrischen Systems sich ebenso wie Ptolemäus nur mathematischer Methoden für die Darstellung der Bewegungen der Gestirne bedient. Erst mit Kepler beginnt auch methodisch die neue Ära der astronomischen Forschung. Dessen ist er sich durchaus bewußt, weshalb er seine Arbeit zugleich „Physik des Himmels" nennt. Wie weit er mit dieser Vorstellung seinen Zeitgenossen vorausgeeilt war, zeigt die Tatsache, daß selbst sein Lehrer Mästlin, der als Astronom seiner Zeit Rang und Namen hatte, Keplers physikalische Grundthesen der neuen Astronomie radikal ablehnt, indem er in einem Briefe schreibt:

Ich glaube aber, daß man die physikalischen Ursachen ganz aus dem Spiel lassen und Astronomisches nur nach astronomischer Methode mit Hilfe von astronomischen, nicht von physikalischen Ursachen erklären soll.

Kepler dagegen war der Ansicht:

Keine von beiden Wissenschaften, Astronomie und Physik, kann ohne die andere zur Vollkommenheit gelangen.

Die Feststellung „Physik des Himmels" enthält aber neben der eben umrissenen programmatischen Aufgabe auch noch den Hinweis, daß die „Physik der Erde" zu erweitern ist in den neuen Bereich der „Physik des Himmels" und daß diese „umfassende Physik" nicht nur die Einheitlichkeit der ganzen sichtbaren Welt ausspricht, sondern zugleich die universelle Gültigkeit ihrer Gesetze auf der Erde und im Weltraum.

Das Werk selbst ist in fünf Teile gegliedert und enthält insgesamt 70 Kapitel. Im ersten Teil verglich Kepler die drei bisherigen Hypothesen für die Darstellung der Planetenbewegung, nämlich die des Copernicus, des Ptolemäus und des Brahe, und fand, daß diese drei rein kinematischen Erklärungsversuche deshalb eine unvollkommene Darstellung der Gestirnsbewegungen lieferten, weil in keiner physikalische Gesichtspunkte berücksichtigt, sondern die Bewegung der Planeten, bei Ptolemäus und Brahe auch die der Sonne, auf einen fiktiven Punkt bezogen wurden. Mit der Darlegung der Hypothese von Brahe erfüllte Kepler dessen Wunsch, seine Grundgedanken bei der Bearbeitung des

Beobachtungsmaterials mit zu diskutieren. Eine weiterreichende Konzession konnte er bei allem Respekt vor der Arbeit seines Vorgängers nicht machen.

Im zweiten Teil untersuchte Kepler, ob die Bewegung der Planeten mit Hilfe eines gleichförmig durchlaufenen Kreises dargestellt werden kann, und fand, daß dies nicht möglich ist.

Der dritte Teil diente Kepler zur Darlegung erster physikalischer Ergebnisse, nämlich daß sich die Sonne im Mittelpunkt des Planetensystems befindet, die bewegende Kraft also im Sonnenkörper liegt und in größerem Abstand schwächer, in kleinerem stärker ist. Die große Entdeckung, die ihm schon im Jahre 1601 gelang, war der Flächensatz, der heute meist unter der Bezeichnung „zweites Keplersches Gesetz" bekannt ist.

Im vierten, umfangreichsten Teil gelang Kepler nach mehrfachem Anlauf die Entdeckung seines „ersten Gesetzes", daß die Bahn des Planeten Mars eine Ellipse ist. Er beklagte seine Gutgläubigkeit in die Gepflogenheit seiner Vorgänger, die aus praktischen Gründen Kreisbahnen vorausgesetzt hätten, die den Metaphysikern genehm waren. Die auch von ihm zunächst gemachte Annahme von Kreisbahnen hätte ihn sehr viel wertvolle Zeit und Kraft gekostet. Als er an Hand der aus Brahes Beobachtungen konstruierten Marsbahn erkannte, daß sie kein Kreis war, ließ er sich von der nach den ersten Lotungen noch unvollkommenen Zeichnung zunächst dazu verleiten, ein Oval als Bahnform anzunehmen. Das war im Sommer des Jahres 1602. Schließlich gelangte er in der ersten Hälfte des Jahres 1605 zu der richtigen Erkenntnis, daß die Bahn des Planeten Mars eine Ellipse ist, und leitete nun mit Hilfe dieser beiden Gesetze aus der Geometrie der Ellipse die verbindende Beziehung ab, die heute ihm zu Ehren als die „Keplersche Gleichung" bekannt ist. Wegen der rechnerischen Schwierigkeit, auf die man bei ihrer Auflösung stößt, rief er die Mathematiker der damaligen Zeit auf, nach bequemen Lösungswegen zu suchen.

Im letzten Teil wandte sich Kepler dem Problem der Bahnneigung zu, stellte die fehlerhaften Auffassungen seiner Vorgänger fest und behandelte schließlich noch einige Fragen einer verfeinerten Darstellung der Planetenbewegung, wie die der Parallaxen, der Präzession und Refraktion.

Die wesentlichen Erkenntnisse, gewonnen aus den Beobachtungen Tycho Brahes, hatte Kepler also bereits im Sommer 1605 erarbeitet. Wenn er das Werk erst im Jahre 1607 zum Druck geben konnte, so waren daran nicht nur seine übrigen Arbeiten, seine Verpflichtungen dem Kaiser gegenüber sowie der Mangel an Geld schuld, sondern vor allem der Widerstand von Tengnagel, dem Schwiegersohn Brahes. Dieser hatte, nachdem die Bearbeitung der Marsbahn durch Brahe selbst Kepler übertragen worden war, die Aufstellung der Planetentafeln übernehmen müssen. Anscheinend fühlte er selbst, daß er zur Bewältigung dieser Aufgabe nicht befähigt war, zumal Kepler darauf hingewiesen hatte, daß es erst dann sinnvoll wäre, Planetentafeln aufzustellen, wenn die Verhältnisse im Planetensystem geklärt sind. Trotzdem verlangte er, daß Keplers Arbeit erst nach der seinen in Druck gegeben werden sollte. Das brachte Kepler in eine sehr unangenehme Lage, vor allem dadurch, daß Tengnagel, der ein westfälischer Edelmann war, zum Kaiserlichen Appellationsrat ernannt wurde, nachdem er zum katholischen Glauben übergetreten war.

Eine weitere Unannehmlichkeit war dadurch entstanden, daß Kepler bei der Aufstellung seines Arbeitsplanes den Umfang seiner beiden großen Aufgaben unterschätzt hatte. Statt 1602 wurde die „Optik" erst 1603 fertig, und die Untersuchung über die Marsbahn, die er dem Kaiser 1603 vorlegen wollte, war erst 1605 abgabereif. Außerdem hatte Tengnagel erreicht, daß Kepler dem Kanonikus Pistorius, der Beichtvater des Kaisers war, über den Stand seiner Arbeiten von Zeit zu Zeit Bericht erstatten mußte. Der kaiserliche Rechnungshof nahm die Nichteinhaltung der Termine zum Anlaß, das festgesetzte Gehalt nicht voll auszuzahlen. Als dann der Kaiser Ende des Jahres 1606 400 Gulden für die Drucklegung des Werkes bewilligte, setzte Kepler davon die laufenden Gehaltsrückstände ab und ließ von dem Rest den Druck anlaufen. Die Druckstöcke für die Figuren ließ Kepler in Prag schneiden. Das druckreife Manuskript sandte er im Sommer 1607 zu Vögelin nach Leipzig, von wo es in dessen Druckerei nach Heidelberg ging. Als er schließlich vom Kaiser noch 500 Gulden für den Druck bewilligt bekam, mußte er nur noch die Zustimmung Tengnagels erhalten, der seinen Termin für die Herstellung der „Rudolphinischen Tafeln" auch nicht eingehalten hatte. Es begann nun ein für die Zustände am Prager Kaiserhof typisches Ringen. Tengnagel drohte, den Druck zu verhindern, wenn Kepler nicht bestimmte Änderungen des Textes durchführen ließe. Dem widersetzte sich Kepler mit Erfolg. Schließlich kam man dahin überein, daß vor die „Einleitung in dieses Werk" eine Vorrede Tengnagels gesetzt werden sollte. So geschah es dann auch.

Der Kaiser machte für die ganze Auflage sein Eigentumsrecht geltend, weil Kepler die Arbeit während seiner Dienstzeit hergestellt hatte und der Druck zu Lasten der Hofkasse erfolgt war. Da aber der Kaiser noch Gehaltsschulden bei Kepler hatte, verkaufte dieser die Exemplare an den Drucker. An Magini, den hochangesehenen Professor der Astrologie, Astronomie und Mathematik in Bologna, der sich vom Autor ein Exemplar erbat, schrieb er am 1. Februar 1610 unter anderem:

Es ist billig, daß mir der Kaiser befahl, die Exemplare umsonst an die Mathematiker zu verteilen. Da er mich aber munter hungern läßt, sah ich mich genötigt, alle ohne Ausnahme an den Drucker zu verkaufen; um 3 Gulden kann man hier in Prag ein Exemplar bekommen.

Der französische Astronom Délambre, der über 100 Jahre später für sein Exemplar 10 holländische Gulden bezahlen mußte, hat in seiner „Geschichte der Astronomie" an der Form der Keplerschen Darstellung Kritik geübt, indem er z. B. behauptet, der ganze erste Teil diene nur zur Verdunklung von Tatsachen, die klar zutage lägen. Es ist verwunderlich, daß ein Wissenschaftler sich nicht die Mühe gab, Stil und Charakter eines Fachkollegen, der über ein Jahrhundert vor ihm gelebt hat, aus den besonderen Umständen dieser Zeit des geistigen Umbruchs zu verstehen, sondern vielmehr erwartete, daß dieser für Fachleute schreibt, die bereits den neuen Standpunkt eingenommen haben. Es besteht kein Zweifel, daß man den wesentlichen Inhalt der „Astronomia Nova" heute für Studenten der mathematischen und naturwissenschaftlichen Disziplinen in wenigen Sätzen und einigen Formeln hinschreiben bzw. durch ein paar Überlegungen ableiten kann. Doch wenn man der einmaligen historischen Bedeutung dieses Werkes und der persönlichen Note seines Autors gerecht werden will, muß man die verschiedene Gedanken und Irrwege aufzeigende Art der Darstellung akzeptieren. Es ist der Versuch eines Menschen, der nach Herkunft und Erziehung in der mittelalterlichen Ideenwelt verwurzelt war und sich zur Ideenwelt der

neuen, von der Naturwissenschaft geprägten Zeit durchgerungen
hat, nun auch seinen aufgeschlossenen und noch schwankenden
Zeitgenossen in der ihnen verständlichen Sprache die unausweich-
liche Notwendigkeit dieses Schrittes überzeugend darzulegen.
Kepler hat genug persönliche Opfer für diese seine Überzeugung
gebracht und dennoch gewagt, an die Stelle der mittelalterlichen
Himmelstheologie aristotelischer Prägung eine ins Moderne wei-
sende Himmelsphysik zu setzen.

Er hat in den Gesetzen der Planetenbewegung Naturgesetze so
formuliert, daß wir sie heute noch verstehen, und in einem Sinn,
der bis in unsere Tage seine Gültigkeit hat. Er hat unter Anwendung einer neuen, nämlich der induktiven Forschungsmethode,
die Naturgesetze nicht nur in den Worten der Sprache, sondern in
den Symbolen der Mathematik formuliert. Sein unvergängliches
Verdienst ist es, den Weg von der einfachen kinematischen Beschreibung der Bewegung zur dynamischen Erklärung gegangen
zu sein. Dadurch hat er die Idee der „Himmelsmechanik" konzipiert, auch wenn ihm dabei der volle Erfolg, die Auffindung des
Gravitationsgesetzes, nicht beschieden war. Mit der Feststellung
„Die Sonne ist die Quelle der bewegenden Kraft, die in der
Nähe stärker, in der Ferne schwächer wirkt", war er, wie der
deutsche Naturforscher Alexander von Humboldt bemerkte,
„volle 78 Jahre vor dem Erscheinen von Newtons unsterblichem
Werk der Gravitationstheorie am nächsten". In moderner Übersetzung haben die beiden ersten Keplerschen Gesetze der Planetenbewegung folgenden Wortlaut:

I. Die Bahn des Mars ist eine Ellipse, in deren einem Brennpunkt sich der Mittelpunkt der Sonne befindet (Abb. 7).
II. Die Summe der Zeiten, in welcher ein endlicher Bogen beschrieben wird, ist also proportional der Summe der Entfernungen, d. i. der Fläche, welche der Radiusvektor überstreicht
   (Abb. 8).

In seiner „Geschichte der Astronomie" hat Délambre den folgenden Satz abgedruckt:

Nie hätte Newton die Prinzipien der Philosophie geschrieben, wenn er nicht
die so bedeutenden Untersuchungen Keplers an den wichtigsten Stellen
seines Buches oft und lange überlegt hätte.

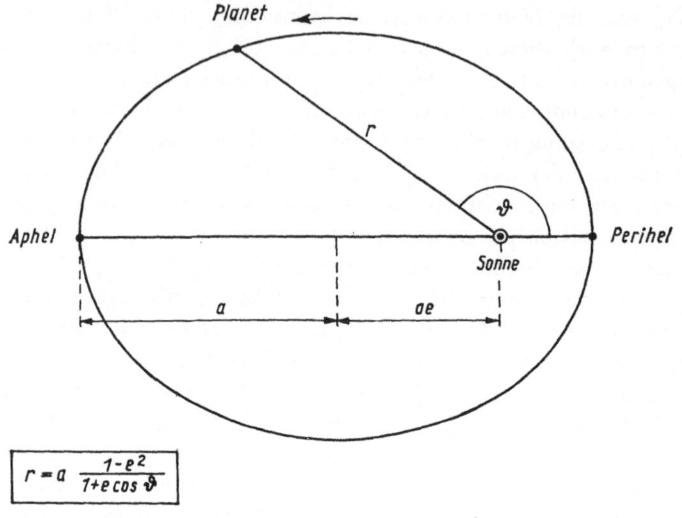

7 Das erste Keplersche Gesetz
(Ellipsenform stark übertrieben)

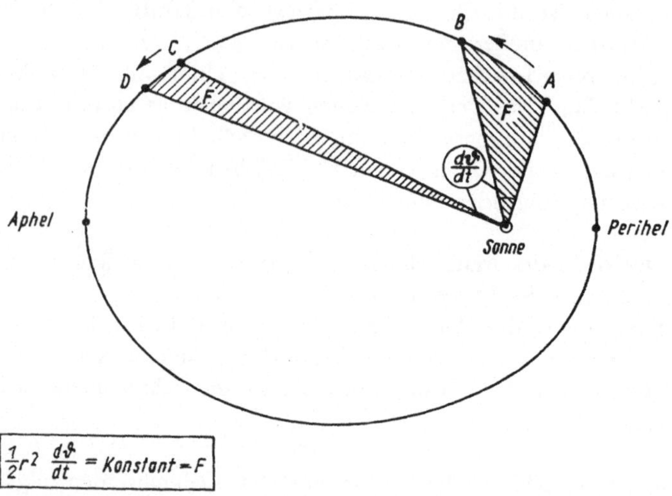

8 Das zweite Keplersche Gesetz

In der Tat hat Newton bei der Ableitung seines Gravitationsgesetzes die Keplerschen Gesetze als gültig vorausgesetzt.

Eine beachtenswerte Seite der „Astronomia Nova" ist ihre Bedeutung für die Entdeckungsgeschichte der Infinitesimalrechnung. Bei den Flächenberechnungen, die zur Ableitung des zweiten Gesetzes oder später zur Herleitung der Keplerschen Gleichung erforderlich waren, stand Kepler vor Integrationsaufgaben. Er konnte dabei nicht auf Arbeiten zeitgenössischer Mathematiker zurückgreifen und hat sie schließlich in Anlehnung an Archimedes durch Summierungen gelöst.

Im gleichen Jahre 1609 erschien noch eine kleine Streitschrift in Prag. Sie richtete sich gegen Röslins Kometenaberglauben und hob das heliozentrische Planetensystem heraus. Röslin hatte als Anhänger des Braheschen Planetensystems Kepler angegriffen.

Keplers wissenschaftliche Vielseitigkeit zeigt seine Schrift über die Sechseckgestalt der Schneesterne, die 1611 erschien. Sie war die erste wissenschaftliche Untersuchung über Eiskristalle.

Zwischen 1610 und 1612 publizierte Kepler in Prag noch drei größere Arbeiten.

Das Fernrohr, in Holland erfunden, war von Galilei nacherfunden und auf den gestirnten Himmel gerichtet worden und hatte eine Reihe damals sensationeller und vor allem für das copernicanische System sprechender Entdeckungen erbracht. Im „Sternenboten" teilte Galilei der wissenschaftlichen Welt diese neuen Erkenntnisse mit. Er mochte auf Beifall gehofft haben. Die meisten reagierten mit Ablehnung oder Skeptizismus. Kepler, einer der wenigen, die den Entdeckungen Galileis begeistert zustimmten, verfaßte noch im selben Jahr 1610 in einer „Unterhaltung mit dem Sternenboten" eine Schrift gegen die Zweifler. Darin stellte er gleich eigene, über die tatsächlichen Entdeckungen hinausgehende Betrachtungen an. Wenn Jupiter vier Monde hat, sollte Saturn sechs bis acht und Mars zwei Monde haben. Er legte zugleich seine Ansichten dar, daß auch die Planeten Lebewesen tragen, und sprach die Erwartung aus, daß es einmal möglich sein sollte, dorthin zu gelangen.

Aus Freude über die Entdeckung der vier Jupitermonde ergriff er in dem 1611 erschienenen „Bericht über die Satelliten des Jupiter" die Partei Galileis in der Absicht, die Wissenschaftler von der Existenz dieser neuen und gar nicht in das aristotelische Weltbild passenden Weltkörper zu überzeugen. Er wollte dies dadurch erreichen, daß er seine eigenen Beobachtungen der Jupitertrabanten und Mondgebirge publizierte, die er zwischen dem 30. August und 9. September 1610 mit einem geliehenen Fernrohr ausgeführt hatte. Es war ein Instrument aus Galileis Werkstatt, das dieser dem Kurfürsten Ernst von Köln geschenkt hatte.

Von wesentlich größerer Bedeutung ist seine „Dioptrik", die angeregt wurde durch die Erfindung des Fernrohrs, dessen Wirkungsweise er untersuchte. Kepler ahnte die Wichtigkeit des Fernrohrs für die Erhöhung der Meßgenauigkeit, erkannte die Bedeutung der Vergrößerung und des Helligkeitsgewinns, sowie der schärferen Abbildung von Sonne und Mond auf dem Projektionsschirm gegenüber der Lochkamera. Während Galilei Fernrohre baute, untersuchte Kepler die Wirkungsweise des neuen Wunderinstrumentes. Indem er von der Abbildung durch einzelne Linsen und Linsenkombinationen ausging, entwickelte er die Theorie des astronomischen Fernrohres, das mit Recht auch als Keplersches Fernrohr bezeichnet wird. Das Werk bildet die konsequente Fortsetzung seiner im Jahre 1604 herausgegebenen „Optik" und gehört zu den klarsten Werken Keplers. Aber bei allen strengsachlichen Darlegungen, mußte er das Instrument und dessen Leistungen in seiner mitreißenden Art preisen: „O du vielwissendes Rohr, kostbarer als jegliches Szepter!"

Die Jahre in Prag brachten für Kepler außer den Aufregungen in seinem Beruf auch im häuslichen Bereich manche Sorgen. Seine Frau Barbara war leidend, und auch seine Gesundheit und Widerstandskraft war durch dauernde Erkältungskrankheiten geschwächt. Zeitweise glaubte er, selbst an der Schwindsucht zu leiden. In einem solchen Augenblick seelischer Depression dachte er daran, eine Abschrift seines bisher erarbeiteten Manuskriptes der „Astronomia Nova" beim Senat der Tübinger Universität zu hinterlegen.

Die am 2. Juli 1602 geborene Tochter nannte er wieder Susanne. Er hatte das Glück, sie heranwachsen zu sehen. Zwei Jahre darauf folgte am 3. Dezember sein Sohn Friedrich, der aber mit sechs Jahren an den Pocken starb. Noch ein drittes Kind wurde ihm am 21. Dezember 1607 in Prag geboren, sein Sohn Ludwig, der sich später um die Herausgabe der von seinem Vater hinterlassenen schriftlichen Aufzeichnungen große Verdienste erwarb. Im folgenden Jahr heiratete seine Stieftochter Regina einen Arzt in Bayern und verließ die Familie.

Die Unruhen in Böhmen, ausgelöst durch die Opposition der
Stände gegen die feudale, auf Spanien und den Papst gestützte
Herrschaft der Habsburger, mehrten sich, der Dreißigjährige
Krieg warf seine Schatten voraus. Bei den dadurch innerhalb des
Hauses Habsburg entstandenen Streitigkeiten mußte Rudolph II.
die Länder Österreich und Mähren an seinen Bruder Matthias
abtreten. Kepler, der oft am Hofe des Kaisers zu erscheinen
hatte, worüber er sich wegen der damit verbundenen Zeitverluste
bei seinen Freunden beklagte, ahnte die dunkle politische Zukunft Deutschlands voraus. Als er nun im Jahre 1608 zur Frankfurter Messe reiste, benutzte er die Gelegenheit zu einem Ab-
stecher nach Tübingen, um zu erkunden, ob für ihn die Möglichkeit der Rückkehr in seine Heimat bestünde. Er war inzwischen
ein über die Grenzen Deutschlands hinaus bekannter Gelehrter
geworden, und man zeigte sich auch am Stuttgarter Hof geneigt,
ihn für die Universität in Tübingen zurückzugewinnen. Sogar die
Stuttgarter Konsistorialräte standen diesem Plan zunächst nicht
ablehnend gegenüber. Doch hätte sich Kepler einer geistigen Bevormundung durch kirchliche Institutionen unterwerfen müssen.
So kehrte er unverrichteter Dinge nach Prag zurück, wo seine
Lage immer unsicherer wurde. Durch die in Böhmen immer wieder auflebenden Aufstände war man am Hofe vorsichtig geworden und zahlte die Besoldung nicht mehr regelmäßig aus.
In dieser Situation erreichte ihn die Aufforderung des Führers
der oberösterreichischen Protestanten, in den Dienst der Stände
des Erzherzogtums Österreich zu treten. Das konnte freilich für
ihn die Aufgabe seiner jetzigen Stelle als Kaiserlicher Mathematiker bedeuten. So ging er unschlüssig in das Jahr 1611. Der
Kaiser Rudolph II., krank und den sich ständig zuspitzenden
politischen Zuständen nicht mehr gewachsen, wurde gezwungen,
zugunsten seines Bruders Matthias auf den Thron zu verzichten.
Mit den kaiserlichen Beamten hätte nun auch Kepler auf den
neuen Regenten vereidigt werden müssen. Dem wollte er aus
dem Wege gehen und begann, mit Erlaubnis von Matthias, im
Juni 1611 in Linz, der damaligen Hauptstadt Oberösterreichs,
mit den Ständen zu verhandeln. Man einigte sich dahin, daß
diese einen Teil des rückständigen Gehaltes übernehmen und
100 Gulden Umzugsvergütung bezahlen wollten. Das Jahresgehalt
war auf 400 Gulden festgesetzt.

Als Kepler gerade aus Linz zurückgekehrt war, starb am 3. Juli
1611 seine Frau Barbara, im 38. Jahre ihres Lebens. Da stand er
nun in dieser unruhigen Zeit vor einem Umzug allein mit zwei
unmündigen Kindern. In dieser Lage gab er die neunjährige
Susanne und den vierjährigen Ludwig zu einer Witwe nach Kun-
statt (Kunštát) in Mähren in Pflege. Da seine Frau über ihr in
die Ehe mitgebrachtes Vermögen nichts verfügt hatte, gab es
Ärger mit ihren Verwandten. Über die letzten Lebenstage seiner
ersten Frau schrieb Kepler unter dem 13. April noch in Prag:

Eben als sie wieder sich zu erholen schien, wurde sie durch die wieder-
holten Krankheiten ihrer Kinder niedergedrückt und zuletzt im Innersten
getroffen durch den Tod des Knäbleins [Sohn Friedrich – J. H.], das für sie
die Hälfte ihres Herzens war. Betäubt durch die Schreckenstaten der Soldaten und den blutigen Krieg in der Stadt Prag, an einer besseren Zukunft
verzweifelnd und von der Trauer nach ihrem Liebling verzehrt, wurde sie
am Ende vom ungarischen Fleckfieber befallen, ein Opfer ihrer Barmherzig-
keit, da sie vom Besuch der Kranken nicht abzuhalten war. In Melancholie
und Mutlosigkeit, im traurigsten Geisteszustand unter der Sonne, hauchte
sie ihre Seele aus.

Zu allem Unglück wollte auch der entthronte Kaiser seinen Hofmathematiker nicht entbehren und nach Linz ziehen lassen, da
ihm die Gespräche mit seinen Gelehrten Trost und Ablenkung
in seiner Krankheit waren. Doch Kaiser Rudolph starb schon im
Januar 1612.
Sofort verfaßte Kepler ein zweiteiliges Gedicht zum Tode Rudolphs II. und zur Begrüßung des neuen Regenten Matthias, wobei er nicht versäumte, den Lebenden durch astrologische Daten
aus dessen Horoskop sich geneigt zu machen. Das Gedicht, das
Kepler in Prag drucken ließ, war gnädig aufgenommen worden,
was zur Folge hatte, daß einem Umzug nach Linz nichts in den
Weg gelegt wurde. Kepler erhielt sogar ein Bestätigungsschreiben
als „Kaiserlicher Mathematiker“ des neuen Regenten mit der Zu-
sage einer jährlichen Vergütung von 25 Gulden, die er aber jedes-
mal selbst eintreiben mußte.
Nachdem alles soweit geregelt war, holte er seine Kinder aus
Mähren ab und trat mit ihnen die Reise nach Österreich an. Er
mußte sich aber dort wieder von ihnen trennen und gab sie in
dem Städtchen Wels, in der Nähe von Linz, erneut in Pflege.
Mitte Mai 1612 ließ er sich, nun wieder als Landschaftsmathe-
matiker, in Linz an der Donau nieder.

Kepler in Linz (1612–1626)

Die Jahre seiner Anstellung in der Landschaftsschule in Linz
sollten für Kepler nicht ruhiger verlaufen, als die seines bisherigen Lebens. Zwar ließen ihm seine Amtspflichten ausreichend
Zeit für seine wissenschaftlichen Arbeiten. Der Mathematikunter-
richt, den er zu erteilen hatte, beanspruchte ihn zum geringsten.
Zeitaufwendiger waren die meist beruflichen Reisen, die den
Schuldienst oft unterbrachen. So mußte er in seiner Eigenschaft
als Kaiserlicher Mathematiker gegen Ende des Jahres 1612 zu
Beratungen nach Prag, wodurch er einige Monate von Linz abwesend war. Auch hatte er als Landschaftskartograph wegen der
Neuaufnahme einer Landkarte Oberösterreichs viel auswärts zu
tun. Für diese Aufgabe war ihm als Gehilfe der Ingenieur Holz-
wurm zugeteilt. Ein besonderes Interesse konnte er dieser zeitraubenden Tätigkeit wohl nicht abgewinnen; denn Kepler hat zu
den kartographischen Methoden seiner Zeit keine nennenswerten
eigenen Verbesserungen beigesteuert.
Schon während des Jahres 1612 hatte er mit dem amtierenden
lutherischen Prediger Hitzler eine unangenehme Kontroverse,
die ihn nicht wenig bedrückte. Hitzler, ein schwäbischer Geist-
licher, kannte Keplers freies und selbständiges Denken noch aus
seiner Zeit im Tübinger Stift. Er schloß ihn deshalb vom Abend-
mahl aus und wurde von seiner vorgesetzten Dienststelle, dem
Stuttgarter Konsistorium, an das sich Kepler gewandt hatte, in
seiner schroffen und ablehnenden Haltung bestätigt. In Stuttgart
gab es einige gegen Kepler voreingenommene Theologen, die ihn
als „Schwindelhirnlein" ablehnten und alles taten, um ihn zu
demütigen und ihre Macht spüren zu lassen. Einer der Konsistorialräte, Erasmus Brüning, erlangte dadurch eine traurige Be-
rühmtheit, daß er sich hinreißen ließ, Kepler als „Letzköpflin"
zu bezeichnen, was soviel wie Dumm- oder Schwachkopf heißt.
Keplers Reaktion auf diese Beleidigungen war erstaunlich. Er
wußte zwischen der Sache, die ihm heilig war, und den unzu-
länglichen Vertretern dieser Sache wohl zu unterscheiden.

Entscheidender noch als diese seine Grundhaltung war die von Kepler vollzogene prinzipielle Trennung zwischen Theologie und Naturwissenschaft. Er drückte sie in der Einleitung zur „Astronomia Nova" sehr deutlich mit den ironischen Worten aus:

Auf die Meinung der Heiligen über die natürlichen Dinge antworte ich mit einem einzigen Wort: In der Theologie gilt das Gewicht der Autoritäten, in der Philosophie [die Naturwissenschaft nach damaligem Sprachgebrauch – J. H.] das der Vernunftsgründe. Heilig ist nun zwar Laktanz [Schriftsteller und Redner der christlichen Kirche – J. H.], der die Kugelgestalt der Erde leugnete, heilig ist Augustinus [Aurelius Augustinus, Kirchenlehrer – J. H.], der die Kugelgestalt zugab, aber Antipoden leugnete, heilig ist das Offizium unserer Tage, das die Kleinheit der Erde zugibt, aber ihre Bewegung leugnet.
Aber heiliger ist mir die Wahrheit, wenn ich, bei aller Ehrfurcht vor den Kirchenlehrern, aus der Philosophie beweise, daß die Erde rund, ringsum von Antipoden bewohnt, ganz unbedeutend und klein ist und auch durch die Gestirne hin eilt.

Auf dem im April des Jahres 1613 einberufenen Reichstag zu Regensburg sollte der Kalenderstreit beendet werden. Hierzu gab der Kaiser seinem Hofmathematiker die Weisung, sich zu diesem Termin dort einzufinden und als Sachverständiger seine Meinung zu vertreten. Eine Reform des Julianischen Kalenders war bereits im 14. Jahrhundert von dem Mönch und Lehrer der Astronomie Argyrus gefordert worden, weil die Zählung des Kalenders hinter dem Lauf der Sonne zurückgeblieben war. Das ist eine Folge davon, daß ein Jahreslauf der Sonne 11 Minuten kürzer ist als das Kalenderjahr von 365 Tagen und 6 Stunden. Im 15. Jahrhundert wurde Regiomontanus und danach auch Copernicus um eine Stellungnahme zur Verbesserung des Kalenders ersucht. Bevor noch durch Lilius der neue Kalender ausgearbeitet war, hatte die Reformation die Christenheit in zwei Lager aufgespalten, und nun wurde erst beraten, ob die weltliche oder die kirchliche Macht für die Einführung des neuen Kalenders zuständig sei. Schließlich gab seitens der katholischen Kirche das Konzil von Trient 1563 dem Papst Gregor XIII. die Vollmacht, den neuen Kalender zu verkünden. So wurde durch eine Bulle des Papstes ab Oktober 1582 der „ewige Gregorianische Kalender" eingeführt. Nun übertrug sich die Uneinigkeit in Glaubensfragen auch auf das Kalenderwesen. Ohne sachliche Nachprüfung erklärten die protestantischen Theologen den Gregorianischen

Kalender für eine Mißgeburt, die der Papst aus lauter Mutwillen
und Bosheit geschaffen hätte. Das Wort „ewig" bedeute die
Leugnung des „jüngsten" Tages: „der Satan wolle Gott, Engeln
und Heiligen ein ewiges Kalendarium vorschreiben. Schließlich
ließe sich ein Protestant vom Antichrist (dem Papst) nicht in die
Kirche läuten."
Ganz anders verhielt sich Kepler, der bereits als junger Wissenschaftler 1597 in sachlicher, überlegener Form, ohne ein gehäs-
siges Wort, in den Streit eingegriffen hatte. Er schrieb in diesem
Sinne an seinen Lehrer Mästlin und verfaßte einen Dialog zur
Kalenderfrage, von dem drei Ausführungen aus den Jahren 1604,
1608 und 1613 bekannt sind.
Für den Reichstag 1613 hatte er ein Gutachten ausgearbeitet, in
dem er theologische und politische Argumente als unsachlich bei-
seite schiebt und nur die mathematischen gelten läßt: der Gregorianische Kalender ist astronomisch, soweit überhaupt möglich,
richtig. Deshalb muß er angenommen werden; man unterwerfe
sich damit nicht dem Papst, sondern der Vernunft. Und er fügt
hinzu:

Unsere Studia seynd unpartheyisch, dem Menschen nützlich, der Rhue,
Friedens und Einigkeit begirig.

Eine Einigung wurde auf dem Reichstag 1613 nicht erzielt. In
Deutschland wurde der Gregorianische Kalender erst 1699 durch
einen Reichshauptbeschluß allgemein obligatorisch. Keplers Stel-
lungnahme war den meisten seiner Zeitgenossen unbegreiflich,
sie sollte aber für alle Zeiten beispielhaft bleiben. Sein Dialog
über den Gregorianischen Kalender erschien allerdings erst im
Jahre 1726 im Druck.
Im Herbst des gleichen Jahres 1613 heiratete Kepler zum zweiten Male. Der Gedanke an seine beiden Kinder, die noch eine
Mutter brauchten, mag dabei auch eine Rolle gespielt haben.
Seine Wahl fiel auf die 24jährige Susanne Reuttinger, die als
Vollwaise von der Baronin von Starhemberg aufgezogen worden
war, durch die Kepler sie kennengelernt hatte. In einem Brief
nennt er die Gründe, warum er gerade sie erwählt hatte: „sie
ist liebevoll, anspruchslos, dabei fleißig und ihren Stiefkindern in
Liebe zugetan." Aber auch diesmal gab es Schwierigkeiten zu
überwinden. Man behauptete zu wissen, daß er seine erste Frau

schlecht gehalten hätte, warf spöttisch ein, daß es sonderbar klinge, wenn eine Frau „Frau Sternseherin" hieße. Doch er räumte alle Boshaftigkeiten aus dem Wege und konnte am 30. Oktober 1613 im „Goldenen Löwen" zu Eferding, dem Geburtsort seiner zweiten Frau und Herrensitz der Baronin von Starhemberg, die Hochzeit feiern. Dann führte er seine Familie in Linz zusammen.

Während der Jahre in Linz schenkte ihm seine 18 Jahre jüngere Frau sechs Kinder. Die drei ersten, Margaretha, Katharina und Sebald, in den Jahren 1615, 1616 und 1619 geboren, starben im Alter von zwei bis vier Jahren. Am Leben blieben Kordula, Friedmar und Hildebert, die in den Jahren 1621, 1623 und 1625 zur Welt kamen. Am Ende seiner Linzer Tätigkeit zählten zu Keplers Familie, nachdem seine Stieftochter Regina im Jahre 1618 verstorben war, noch fünf Kinder, zwei aus erster und drei aus zweiter Ehe.

Angeregt durch seine astronomischen Studien zur Kalenderreform, beschäftigte sich Kepler mit der Nullpunktfestlegung der Kalenderzählung, die auf Dionysius Exiguus zurückgeht, der im 6. Jahrhundert unserer Zeit lebte. Er konnte unter Heranziehung historischer Berichte und auf Grund astronomischer Ereignisse nachweisen, daß der von Dionysius beabsichtigte Nullpunkt der Jahreszählung um 4 bis 5 Jahre zu spät angesetzt ist.

Die erste praktische Anwendung der von Kepler aus den Beobachtungen Brahes abgeleiteten Gesetze machte Magini in Bologna. Durch Anfragen und Antworten entwickelte sich zwischen den beiden Gelehrten ein Briefwechsel, aus dem hervorgeht, daß die von Magini herausgegebenen Ephemeriden (Planetentafeln) in Italien großes Ansehen besaßen und den Namen Kepler weithin bekannt machten. Als dann Magini starb, erhielt Kepler eine ehrenvolle Berufung als dessen Nachfolger nach Bologna. Kepler hat abgelehnt, weil er seine wissenschaftliche Freiheit nicht aufgeben wollte, zumal er mit Besorgnis festgestellt hatte, eine wie unerfreuliche Entwicklung der Streit Galileis gegen die Widersacher des von ihm vertretenen copernicanischen Weltsystems genommen hatte. Wie Kepler die Möglichkeit sah, den Lehrstuhl in Bologna einzunehmen, schreibt er sehr deutlich unter dem 17. April 1617 an Johannes Antonius Roffenus in Bologna. Darin heißt es unter anderem:

Inzwischen kann ich aber nicht verhehlen, um was es sich dreht. Ich bin der Nation und dem Geist nach ein Deutscher, mit den Sitten der Deutschen vertraut, ihnen durch die Notwendigkeiten des Lebens und der Ehe verbunden, daß ich, auch wenn der Kaiser zustimmte, nur mit größter Schwierigkeit meinen Wohnsitz von Deutschland nach Italien verlegen könnte. Mag auch der Ruhm mich verlocken, der von dem hochberühmten Ort der Bologneser Professoren ausstrahlt. Dazu kommt, daß ich vom Alter des Knaben bis zu dem jetzigen, ein Deutscher unter Deutschen, die Freiheit der Sitten und der Rede genieße, welche Gewohnheit mir auch in Bologna verbleiben würde und leicht, wenn nicht Gefahr, zumindest Schmähung bringen könnte.

Während, wie bereits erwähnt, Keplers Beitrag zur Vorgeschichte der Infinitesimalrechnung in der „Astronomia Nova" zu seinen Lebzeiten nur wenig beachtet wurde, ist seine Leistung für die Volumenberechnung rotationssymmetrischer Körper schon damals gewürdigt und in ihrer Bedeutung richtig eingeschätzt worden. Im Jahre 1615 ließ Kepler eine „Neue Raumberechnung der Weinfässer" in einer Linzer Druckerei erscheinen. Darin löste er die Aufgabe der Volumenberechnung von Fässern auf verschiedenen Wegen, über die Bestimmung des Rauminhalts von Körpern, die man durch Rotation von Kegelschnitten bzw. von Teilen dieser Kurven erhält. Auch verwendete er bei den Berechnungen Kegelstümpfe, die sich der Form der jeweiligen Gefäße möglichst eng anschmiegen. Der Anlaß zu dieser interessanten stereometrischen Studie war ein ganz profaner. Nach seiner zweiten Heirat im Oktober 1613 erwarb er für seinen Haushalt in Linz einige Fässer des in diesem Jahr besonders guten Weines. Als er den Wein bezahlen wollte, staunte er über das einfache Meßverfahren mit der sogenannten Visierrute zur Bestimmung des Inhalts. Es reizte ihn, diese einfache und in der Praxis angewandte Meßmethode auf ihre Zuverlässigkeit hin zu untersuchen. Da sich aber zunächst kein Drucker fand, der diese in lateinischer Sprache abgefaßte Schrift auf eigenes Risiko herausgeben wollte, verzögerte sich der Druck, und Kepler hatte Zeit zu wesentlichen Ergänzungen und erheblichen Erweiterungen. Als das Werk schließlich im Herbst 1615 erschien, war sein Umfang gegenüber dem ursprünglichen beträchtlich angewachsen.

Trotzdem war Kepler mit seinem Werk nicht zufrieden, als er sah, daß dessen Wirkung offenbar wegen des lateinischen Textes nicht die erwartete Breite hatte. Er gab deshalb 1616 eine neue Veröffentlichung in deutscher Sprache heraus mit dem Titel „Auszug aus der uralten Meßkunst des Archimedes". Dabei hat er mit Rücksicht auf einen weiten Benutzerkreis alle wissenschaftlichen Erörterungen weggelassen und das Ganze nicht einfach übersetzt, sondern eine dem gedachten Zweck entsprechende Reihenfolge der einzelnen Kapitel gewählt. So entstand ein völlig neues Werk, dessen innerer Zusammenhang mit dem vorangehenden vor allem dadurch erkennbar war, daß es am Rande Hinweise auf die Kapitel der lateinischen Ausgabe enthielt. Darüber hinaus fügte er dem deutschen Text noch einen Anhang hinzu, der praktische Angaben über Maße und Gewichte aus dem Altertum und der Gegenwart enthielt. Darunter findet sich auch der interessante Hinweis, wie man aus Gewichten, die nach den Potenzen von drei gestaffelt sind, also z. B. 1, 3, 9, 27, 81 Einheiten, alle Lasten bis 121 Einheiten auswiegen kann. Das Buch bringt, wie in der Einleitung hervorgehoben, eine praktische Anwendung der Geometrie, die er als das „uralte Mütterlein" aller für das Leben tätigen Institutionen und Berufe bezeichnet, jeder Obrigkeit und Gemeinde, der Wirtsleute, Kaufleute, Künstler und Handwerker.

Zur Aufbesserung seiner Einkünfte verlegte sich Kepler wieder auf die Herausgabe von Jahreskalendern mit den unvermeidlichen Prognostiken für das jeweils laufende Jahr. Der erste der fünf in Linz erschienenen Kalender kam 1616 auf den Markt und betraf das Jahr 1617. Kepler bemerkte dazu, daß die Planetenörter darin zum ersten Male nach den Ergebnissen seiner „Astronomia Nova" berechnet wurden, wozu er sich Tabellen aufstellen mußte, die als erste Entwürfe zu den „Rudolphinischen Tafeln" betrachtet werden können. Schon damals bestand keine Hoffnung mehr, daß Tengnagel die Herausgabe des vom Prager Hof erwarteten Tafelwerks würde schaffen können. In einem Brief sagte Kepler zur Wiederaufnahme des finanziell erträglichen Geschäftes des Kalender- und Prognosenmachens, es sei nur wenig ehrenvoller als betteln, aber es versetze ihn in die Lage, das Ansehen des Kaisers zu schonen, der ihn im Stiche ließ und bei dessen Kammerbefehlen er verhungern könnte. Für die Überreichung der Stereometria und des im gleichen Jahre erschienenen Kalendariums samt Prognostikum auf das Jahr 1617, die Kepler auf eigene Kosten hatte drucken lassen, bewilligten die Linzer Stände ihm 150 Gulden. Auch das Prognostikum für 1619 brachte ihm 100 Gulden ein. An seinen Freund Bernegger in Straßburg schrieb er zur Rechtfertigung seiner Handlungsweise:

Meine Rückstände werden nicht ausbezahlt, die Mutter Astronomie muß bei ihrer buhlerischen Tochter Astrologie Unterstützung suchen.

Eine amtliche Verfügung aus jener Zeit lautet wenig tröstlich: „Was die Besoldung betrifft, wird Supplikant bis Geld vorhanden zur Geduld gewiesen."

Schon gleich nach dem Erscheinen der „Astronomia Nova" hatte Kepler den Plan gefaßt, ein umfangreiches Ephemeridenwerk als Anwendung der neugewonnenen Bewegungsgesetze herzustellen, um diese durch die Erfahrung zu bestätigen und so den empirischen Nachweis zu führen, daß die copernicanische Planetentheorie in der durch ihn verbesserten Form der ptolemäischen Planetentheorie eindeutig überlegen ist. Der von ihm im Jahre 1610 unternommene Versuch, die umfangreiche Arbeit mit Magini zu teilen, war fehlgeschlagen. Die Unruhen in Böhmen, der Tod seiner ersten Frau und der Regentenwechsel sowie die Verhandlungen wegen seines Umzuges nach Linz hatten die Ausführung seines Planes zunächst verzögert. In Linz hatte er nun allein die Arbeit aufgenommen.

Zuerst mußten, da in der „Astronomia Nova" nur die Marsbahn behandelt war, die Bahnelemente der übrigen Planeten aus den Beobachtungen Brahes abgeleitet werden. Im Jahre 1616 hatte Kepler diese Arbeit erfolgreich abgeschlossen, während gerade in Rom das Werk des Copernicus auf den Index der verbotenen Bücher gesetzt worden war, freilich mit dem Zusatz: „Donec corrigatur" (Bis es verbessert werde). Von der Verbesserung, die Kepler durch seine Arbeiten erzielt hatte, nahmen die Herren in Rom freilich keine Kenntnis; außerdem hatten sie ganz andere Verbesserungen gemeint, die Aufhebung des Angriffs nämlich auf die damalige christliche Weltanschauung, die eng mit geozentrischen Vorstellungen verbunden war. Nun ging es an die zeitraubende Aufstellung der Ephemeriden, die für jeden Planeten zahlreiche Berechnungen nach der Keplerschen Gleichung erforderte. Wie sehr ihm am Fortgang dieser Arbeit gelegen war, geht daraus hervor, daß er während seines Aufenthalts am kaiserlichen Hof in Prag vom März bis Mai 1617 jede freie Zeit benutzte, um die Ephemeride für 1617 fertigzustellen. Die für 1618 berechnete er in Linz und ließ sie noch im Oktober 1617 erscheinen, da das Interesse daran wegen der Vergleichsmöglichkeit zwischen Theorie und Beobachtung am größten war. Darauf folgte im März 1618 rückwirkend die für 1617 mit der allgemeinen Einleitung in das gesamte Werk. Die nächsten beiden Jahrgänge 1619 und 1620 erschienen in den Jahren 1618 und 1619. Bemerkenswert ist die Ephemeride für 1620, bei deren Herstellung erstmals von Kepler das neue Hilfsmittel für Zahlenrechnungen, die Logarithmen, verwendet wurde. Er hatte diesen Jahrgang deshalb dem schottischen Edelmann John Neper (oder Napier) gewidmet, der als einer der ersten 1614 eine Logarithmentafel im Druck hatte erscheinen lassen. Durch die Ephemeridenarbeiten kamen andere Arbeiten etwas in Verzug, so daß das Erscheinen des Kalenders und Prognostikums für 1618 erst Anfang 1618 möglich war. Darin kündete Kepler auf Grund seiner politischen Kombinationsgabe Unruhen für den Mai an:

Dann wahrlich im Mayen wirdt es an den Orthen und bei denen Händeln, da zuvor schon alles fertig und sonderlich wo die Gemein sonst große Freyheit hat, ohne große Schwürigkeit nicht abgehen.

Am 23. Mai folgte der „Prager Fenstersturz". Kepler hatte hier „Glück", daß die schon seit langem vorhandenen Spannungen im Reich gerade im Mai mit dem Ereignis sich entluden, das den Dreißigjährigen Krieg auslöste.

Von seinen protestantischen Glaubensgenossen wurde Kepler wegen seiner selbständigen, abweichenden Meinungen über Glaubensfragen vielfach als Ketzer angesehen. Verstärkt wurde dieses Urteil dadurch, daß er mit katholischen Zeitgenossen, ja sogar mit Jesuiten brieflich und auch persönlich verkehrte. Immer wieder versuchte er, sich von diesem Vorwurf reinzuwaschen und seine Treue zum evangelischen Glauben zu bekunden. Zu diesen Versuchen gehört auch seine von tiefer Religiosität und echtem Gottesglauben durchdrungene Schrift „Unterricht vom H. Sakrament des Leibs und Bluts Jesu Christi unseres Erlösers", die er in Form eines Katechismus für seine Familie verfaßt hatte. Wenn man seine astronomisch-mathematischen Leistungen, die zur Befreiung des Menschen von der geistigen Bevormundung durch kirchliche Institutionen einen wesentlichen Beitrag lieferten, dagegenhält, so empfindet man seine religiöse Einstellung heute als einen Widerspruch. Jedoch sollte man diese Seite seines Wesens nicht mit unseren heutigen Maßstäben messen, sondern aus den Umständen seiner Zeit zu verstehen suchen. Kepler, der für den Kampf um seine Existenz weder die revolutionäre Kraft der aufständischen Bauern hatte, noch über die Kunst des rücksichtslosen Erfolgsjägers verfügte, brauchte diesen seelischen Rückhalt, um sich in seiner Umwelt irgendwo geborgen zu fühlen; denn ihm konnten weder Kanzler, noch Fürsten, noch Kaiser eine von wirtschaftlichen Sorgen freie Sicherheit und Arbeitsruhe bieten.

Im gleichen Jahre 1618 erschien von ihm der erste Teil des großangelegten „Abriß der copernicanischen Astronomie", bestehend aus drei Büchern. Der zweite Teil, Buch IV, erschien zwei Jahre später als der erste, auch in Linz. Der dritte Teil, bestehend aus Buch V, VI, VII wurde in Frankfurt gedruckt und im Jahre 1621 ausgeliefert (Abb. 9).

Schon bald nach Abschluß seiner Arbeiten an der Theorie der Marsbahn hatte Kepler den Entschluß gefaßt, einen für breite Schichten des Volkes verständlichen Abriß der Astronomie herauszugeben, der auf dem neuesten Stand der Erkenntnis aufbauen und zur weiten Verbreitung der copernicanischen Lehre zugleich auch billig sein und eine hohe Auflage haben sollte. Mit dieser wichtigen Bedingung stieß er auf den Widerstand der Druckereien, und so gab es für Kepler beim Druck viel Ärger. Gänzlich ließ sich das gesteckte Ziel nicht erreichen; in Linz bekam man den ersten Teil für 30 Kreuzer zu kaufen, in Straßburg kostete er 80 Kreuzer.

Wie richtig Kepler gehandelt hatte, als er die Berufung an den Lehrstuhl der Mathematik in Bologna nicht annahm, geht daraus hervor, daß der erste Teil seines „Lehrbuches der copernicanischen Astronomie" kurz nach seinem Erscheinen, d. h. bereits im Jahre 1619 vom Hl. Offizium in Rom auf den Index der verbotenen Bücher gesetzt wurde. Dies zumal deswegen, weil das Werk nicht nur für die Gelehrten, sondern in einer allgemein verständlichen Sprache geschrieben war, also eine viel weitreichendere Wirkung haben mußte. Als Kepler diese Nachricht erhielt, war er darüber sehr aufgebracht, vor allem, weil er fürchtete, daß es bei der Drucklegung der übrigen Teile des Lehrbuches im Herrschaftsbereich der Habsburger und anderer katholischer Fürsten Schwierigkeiten geben könnte, falls man sich hier

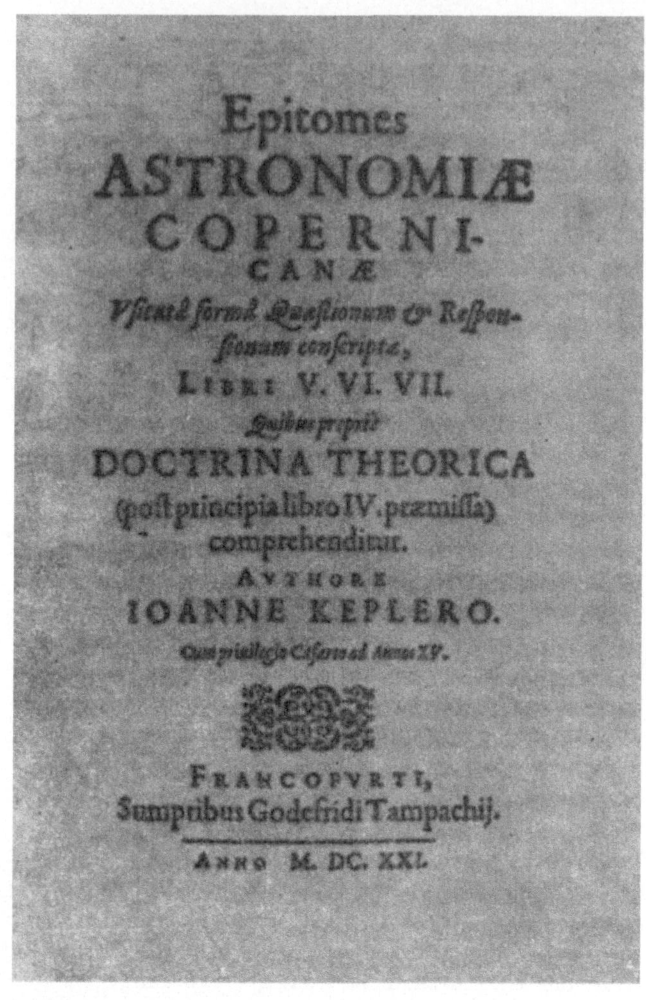

9 Titelblatt des dritten Teiles des „Abrisses der copernicanischen Astronomie"

auch an das Verbot halten würde. Er mußte seine Ansicht dem kaiserlichen Leibarzt Remus, mit dem er befreundet war, sehr deutlich geäußert haben; doch gelang es diesem, ihn wieder zu beruhigen durch den Hinweis, daß alle Wissenschaftler, Studenten und überhaupt alle, die sich mit diesen Fragen zu beschäftigen haben, von dem Verbot ausgenommen sind. Zugleich aber riet er Kepler, seine Erregung zu beherrschen und sich mit seinen Bemerkungen in erträglichen Grenzen zu halten, um nicht unduldsame Theologen zu reizen.

Keplers Parteinahme für die Lehre des Copernicus war unerschütterlich:

Mögen sich andere zu ihr stellen, wie sie wollen, ich erachte es ihr gegenüber als meine Pflicht und Aufgabe, sie, die ich in meinem Innern als wahr erkannt habe und deren Schönheit mich beim Betrachten mit unglaublichem Entzücken erfüllt, auch nach außen hin bei den Lesern mit allen Kräften meines Geistes zu verteidigen.

Allein dieser Satz mußte genügen, um das Buch in den Augen engstirniger Theologen als ketzerisch erscheinen zu lassen.

Für die zusammenfassende Darstellung des neuen astronomischen Weltbildes wählte Kepler die zur damaligen Zeit oft angewandte Aufgliederung in Fragen samt den dazugehörigen Antworten. Auf diese Weise wird der oft recht komplizierte Stoff in verhältnismäßig leichtverständlicher Form dem Leser angeboten. Die drei Teile des Gesamtwerkes sind in den nächsten dreihundert Jahren zum Vorbild genommen worden für die Dreiteilung des Lehrstoffs der Himmelskunde in die sphärische, theoretische und physische Astronomie, die heute allerdings durch die rasante Entwicklung der Naturwissenschaften einer neuen Einteilung gewichen ist.

Im ersten Teil behandelt Kepler die Beweise für die Kugelgestalt der Erde, er vergleicht sie sehr anschaulich mit einem Kreisel, der sich im Laufe eines Tages einmal um seine Achse dreht und dabei gleichzeitig während eines Jahres sich um die Sonne bewegt. Dann geht er auf die Koordinatensysteme an der Sternsphäre ein und die scheinbaren Bewegungen der Sterne sowie vor allem der Planeten unter den feststehenden Sternen. Auch die Erscheinungen der Auf- und Untergänge der Gestirne werden erklärt und die Bestimmung der Tageszeiten erläutert. Den Abschluß bilden die Darlegungen über die Dauer des Jahres, je nachdem, ob es auf den Fixsternhimmel (siderisches Jahr) oder den Stand der Sonne im Frühlingspunkt (tropisches Jahr) bezogen wird.

Den Höhepunkt bildet in dem 1620 als zweiter Teil erschienenen vierten Buch die Behandlung des Aufbaus des Sonnensystems

und der räumlichen Bewegungen der Planeten um die Sonne sowie der Nachweis, daß diese räumlichen Bewegungen, von der als Planet ebenfalls die Sonne umlaufenden Erde aus betrachtet, zu den im ersten Teil beschriebenen scheinbaren Bewegungen an der Sternsphäre führen. Es werden dann die Bahnelemente aufgezeigt, die bei jedem der Planeten charakteristisch sind für die Merkmale seiner Bewegung um die Sonne. Schließlich werden die drei Gesetze der Planetenbewegung erläutert sowie der Weg dargelegt, wie man mit ihrer Hilfe unter Verwendung der Keplerschen Gleichung für jeden beliebigen Zeitpunkt die Stellung eines jeden Planeten an der irdischen Sternsphäre berechnen kann. (Das dritte Keplersche Gesetz, wonach sich die Quadrate der Umlaufzeiten der Planeten verhalten wie die Kuben der großen Halbachsen der Bahnellipsen, war von Kepler bereits 1619 in der „Weltharmonik" veröffentlicht worden, s. S. 65.)
Im dritten Teil, der im Jahre darauf erschien, wird zuerst die scheinbare Sonnen- und Mondbahn behandelt, dann werden die Bedingungen für das Zustandekommen von Sonnen- und Mondfinsternissen betrachtet sowie deren Verlauf und verschiedene Typen. Den Abschluß bildet im letzten Buch eine Abhandlung über die Fixsternsphäre. Hier verläßt Kepler den alten, von Aristoteles geprägten Begriff der Sternsphäre als einer Hohlkugel, auf deren Innenseite die Sterne festgeheftet sind und erweitert ihn zu einem Bereich von einer gewissen Tiefenerstreckung. Mit der Vorstellung einer den Raum außerhalb des Sonnensystems erfüllenden Ansammlung ungezählter Sterne wird der erste Schritt zur Erforschung der uns am nächsten liegenden Bereiche des Milchstraßensystems vorbereitet.
Das Werk klingt mit einem Gedanken aus, der heute noch ebenso Gültigkeit hat wie zu den Zeiten, als Kepler ihn niederschrieb:

Die Astronomie, deren Wissensgut hier zusammengetragen wurde, sei keine abgeschlossene Wissenschaft; vieles liegt noch im Schoße der Zukunft verborgen, bis es uns gegeben wird, weitere Bereiche des Weltalls zu erschließen.

Das Gesamtwerk wird, dem damaligen Sprachgebrauch folgend, als „Summa Astronomica" bezeichnet, da es alle wesentlichen Erkenntnisse aus den zurückliegenden Zeiten, vor allem natürlich Tycho Brahes Beobachtungsergebnisse und Galileis Entdeckungen mit dem Fernrohr, zusammenfaßt. Der „Abriß der copernicanischen Astronomie", wie Kepler in seiner Bescheidenheit und Verehrung seines großen Vorgängers das Werk nannte, hat außerordentlich viel zur Verbreitung des astronomischen Wissens und zur allgemeinen Erkenntnis der Richtigkeit des heliozentrischen Planetensystems beigetragen. Der naturwissenschaftlichen und mathematischen Forschung dieser Zeit gab das Werk einen gewaltigen Auftrieb, und mit Recht bezeichnet es fast hundert Jahre später der Leipziger Professor Junius als einen „ungeheuren und unausgeschöpften Schatz der wissenschaftlichen Bildung".

Mästlin hatte an dem Werk dasselbe auszusetzen wie an der „Astronomia Nova". Er riet wiederum von der Verbindung zwischen Astronomie und Physik ab und stellte fest, daß zur Bearbeitung astronomischer Probleme Geometrie und Arithmetik ausreichend seien. Auch begriff er Kepler nicht, der trotz der Ablehnung des copernicanischen Planetensystems durch hohe Vertreter aller christlicher Konfessionen und trotz seiner eigenen religiösen Haltung nicht nachließ, für die „ketzerische" Lehre einzutreten. Als im Zusammenhang mit diesen Problemen Mästlin mit aller Deutlichkeit vor weiteren Schritten in dieser Richtung warnt, entgegnet ihm Kepler:

Ich denke, wir ahmen die Pythagoräer nach, teilen uns das, was wir entdecken, privatim mit und schweigen öffentlich, damit wir nicht Hungers sterben; ich will Dir um meinetwillen keine Feinde zuziehen. Die Wächter der Bibel machen aus einer Mücke einen Elefanten.

Die Jahre seiner Tätigkeit in Linz waren reich an häuslichem Kummer und vielfältigen Aufregungen. Der Tod seiner ersten drei Kinder aus zweiter Ehe sowie seiner Stieftochter Regina bedrückten ihn ebenso wie die Sorge um seinen jüngeren Bruder Heinrich und dessen zwei Kinder, für die er mitzusorgen hatte. Die schwierigen Verhandlungen mit den Druckereien wie auch die vielen dienstlichen Reisen kosteten ihn wertvolle Arbeitszeit, so daß man staunen muß, wie er trotz all dieser Störungen noch so intensiv arbeiten konnte. Meist hatte er gleichzeitig mehrere Untersuchungen in Bearbeitung, und er zog bald diese, bald jene vor, je nachdem, zu welchem Problem er sich gerade angeregt fühlte.

In dieser Zeit der Vollendung des „Abrisses der copernicanischen Astronomie" und des Fortgangs der Arbeiten an den „Weltharmonien" sowie den von der gelehrten Welt und dem Prager Hof schon seit langem erwarteten „Rudolphinischen Tafeln" traf ihn auf dem Wege über seine Schwester Margaretha, der Frau des Pastors Binder in Heumaden bei Leonberg, die furchtbare Nachricht, daß seine Mutter als Hexe verleumdet worden sei. Der Sohn mußte mit Recht um das Leben seiner Mutter fürchten, wußte er doch, daß in seiner Geburtsstadt wiederholt Hexen verbrannt worden waren. In den Jahren 1615 bis 1629 waren es achtunddreißig; in Leonberg, der Heimatstadt seiner Mutter, wurden 1615/1616 innerhalb weniger Monate sechs Frauen als Hexen hingerichtet. Als Wissenschaftler empörte ihn der Hexenaberglaube.

Die im Mittelalter ohnehin stark verbreitete Furcht vor Hexen wurde durch eine Bulle des Papstes Innocenz VIII. im Jahre 1484 und den fünf Jahre später erschienenen „Hexenhammer", der die „juristische" Grundlage für die Hexenprozesse lieferte, zum wirkungsvollen Instrument zunächst der katholischen Kirche, unliebsame Personen nach Belieben zu verleumden und zu vernichten und die öffentliche Meinung zu terrorisieren. Nach der Reformation wurden – zu demselben Zweck – auch in protestantischen Ländern sowohl staatliche Gesetze gegen die Zauberei und Teufelsbündnisse als auch zusätzliche Landesverordnungen erlassen. Darin war festgelegt, daß jeder, der ein Bündnis mit dem Teufel geschlossen hatte, nach den erwiesenen Umständen bestraft werden sollte, wenn sonst niemandem ein Schaden zugefügt worden sei. Wenn aber jemand durch Zauberei geschädigt worden wäre, käme als Strafe nur der Feuertod in Betracht, meist noch mit Vermögenseinziehung verbunden. Es ist ersichtlich, ein wie furchtbares Instrument durch diese Gesetzgebung geschaffen war und wie leicht bei den damaligen Praktiken der Prozeßführung unschuldige Menschen durch übel gesonnene Zeitgenossen in höchste Gefahr und um Besitz und Leben gebracht werden konnten.

Kepler, der die Schwächen seiner Mutter kannte und wußte, wie leicht sie sich durch ihre Klatschsucht und ihren unruhigen Geist unbeliebt machen, ja eine dauernde Feindschaft zuziehen konnte, lud sie ein, zu ihm nach Linz zu kommen. Er begriff sofort, in welcher Gefahr sie sich befand, als er erfuhr, daß eine gewisse Frau Reinbold behauptete, von ihr einen Zaubertrank erhalten zu haben, der ihre Gesundheit geschädigt hätte. Als Maßnahme gegen diese Verleumdung hatten Keplers Schwester und ihr Mann beim Leonberger Stadtgericht Klage gegen die Reinbold erhoben. Der Fall wurde von dem Untervogt Einhorn bearbeitet, der mit Keplers Mutter verfeindet war. So wurde durch ihn das Verleumdungsverfahren verschleppt und inzwischen neues Beweismaterial gegen die vermeintliche Hexe zusammengetragen.

Kepler hatte sich wegen dieser Vorgänge mit einem Schreiben an den Magistrat von Leonberg gewandt, in dem er sich energisch gegen die Verleumdungen und das Verfahren verwahrte und Abschriften von allen bisher verhandelten Akten verlangte, da er erfahren hätte, daß man bei dieser Gelegenheit sogar ihn verbotener Künste bezichtigte. Um die Wirkung seines Schreibens zu erhöhen, wies er noch darauf hin, daß er sich vom Kaiser den für eine Reise in die Heimat nötigen Urlaub erbitten werde, um die Angelegenheit seiner verwitweten Mutter selbst in die Hand zu nehmen.

Wie zu befürchten, war die Verleumdungsklage gegen die Reinbold mit einer Gegenklage auf Zauberei beantwortet worden, so daß nun die Angelegenheit in einen Hexenprozeß umschlug. Bei der ersten Zeugenvernehmung am 21. Oktober 1616 wurden auch Aussagen von Kindern zu Protokoll genommen, die die Angeklagte als Hexe verschrien hatten, weshalb die leicht erregbare 68jährige Frau sie auf energische Weise tätlich zurechtwies. Durch ungeschickte Äußerungen ihres Sohnes Christoph und ihren Versuch, den Richter durch Anbieten eines Geschenkes zum Niederschlagen des Prozesses zu bewegen, wurde die Sache so verschlimmert, daß sie sich endlich bereden ließ, der Einladung ihres Sohnes nach Linz Folge zu leisten. Gegen Ende des Jahres traf sie dort ein.

Kepler, der nun über die ganze Angelegenheit genau unterrichtet wurde, sandte ein umfangreiches Schreiben an den Vizekanzler des Herzogs Friedrich und an den Herzog selbst, worin er bat, das grausame und ungerechte Verfahren zu überprüfen und nicht zu dulden, daß sein unbescholtener Name Schimpf und Spott preisgegeben wird. Das Schreiben verfehlte zwar seine Wirkung nicht, konnte aber die Einstellung des Verfahrens nicht erreichen. Damit die Abwesenheit der Mutter nicht als Flucht und somit als Bestätigung ihrer Schuld ausgelegt werden könnte, riet man ihr zur Rückkehr in die Heimat. Nach ihrem Weggange kamen dem Sohn ernste Bedenken, und er reiste ihr nach, um an Ort und Stelle die Sache aus der Welt zu schaffen. Als er einsah, daß dies in absehbarer Zeit nicht zu erreichen wäre, übergab er die Verteidigung zwei Rechtsgelehrten, mit denen er befreundet war, und kehrte wieder zu seiner Familie nach Linz zurück.

Es ist kaum zu begreifen, wie Kepler bei dieser seelischen Belastung noch außerhalb seiner dienstlichen Verpflichtungen sich intensiven Studien widmen konnte. Dazu begannen die Bauernunruhen in Österreich ob der Enns durch die verstärkte Unterdrückung aller antifeudalen Bestrebungen in der Gegenreformation wieder stärker aufzuleben, und die Auswirkungen kriegerischer Auseinandersetzungen rückten in immer bedenklichere Nähe. Trotzdem arbeitete Kepler, von kleinen Untersuchungen abgesehen, vor allem an drei größeren Werken, dem „Abriß der copernicanischen Astronomie", den „Rudolphinischen Tafeln" und den „Weltharmonien". Während die beiden zuerst genannten Werke mehr oder weniger zeitraubende und schwierige Ausarbeitungen im wesentlichen bereits erkannter Tatsachen darstellten, war der Kern der bis 1619 fertiggestellten fünf Bücher der „Weltharmonien" ein Werk, dessen Idee Kepler wohl seit seiner Jugend, zum mindesten aber seit der Erkenntnis, daß sein „Weltgeheimnis" einer Umarbeitung durch die Ergebnisse seiner „Astronomia Nova" bedarf, in sich trug.

Die „Weltharmonien", lateinisch „Harmonices Mundi", sind nur aus den Zuständen in Keplers Umwelt heraus zu verstehen, als Reaktion auf die Widersprüchlichkeit der damaligen Welt, die in Gestalt vor allem des Hexenprozesses gegen seine Mutter, der ihn bedrückenden theologischen Streitigkeiten und der blutigen Unruhen in den verschiedenen Ländern als Vorboten des Dreißigjährigen Krieges mit unerbittlicher Härte auf sein Leben einwirkte. Der Gegensatz zwischen dem von Augustinus gelehrten „Gottesstaat" und der von widerstreitenden Interessen, Machtkämpfen und Unterdrückung erfüllten Wirklichkeit des gesellschaftlichen und staatlichen Lebens rief in ihm den heftigsten Widerspruch seiner ganzen Persönlichkeit wach. Kepler empfand einen natürlichen Abscheu vor jeder blutigen Gewalt. Da ihm aber wie allen seinen Zeitgenossen noch jeder Einblick in die Gesetzmäßigkeiten der menschlichen Gesellschaft fehlte, suchte er

– wie andere auch – die Harmonie, die er auf Erden nicht fand, im Kosmos, dessen Gesetze er besser durchschaute. Nur aus dieser Haltung zu seiner Umwelt ist die eigenartige Synthese von mathematischem Denken und nach einem höheren Sinn suchender Mystik zu verstehen, die uns in diesem Werk entgegentritt.

Aber gerade in diese „Harmonices Mundi" baute Kepler, wohl als Schlußstein der Erkenntnis, die Formulierung des dritten seiner Planetengesetze ein (im 3. Kapitel des Buches V). Es hat in deutscher Übersetzung den folgenden Wortlaut.

III. Es ist ganz gewiß, daß das Verhältnis der periodischen Umlaufzeiten genau das einundeinhalbfache des Verhältnisses der mittleren Entfernung der Planeten, d. i. der Planetensphären selbst, ist.

Dabei bedeutet „das einundeinhalbfache des Verhältnisses" eine ältere Sprechweise für die $^3/_2$-te Potenz eines Verhältnisses. Das Gesetz sagt also aus, daß die dritten Potenzen der mittleren Abstände der Planeten von der Sonne proportional den Quadraten ihrer siderischen Umlaufzeiten sind. Mit diesem dritten und letzten Gesetz, das er aus den Beobachtungsdaten Brahes abgeleitet hatte, war ein Hauptteil seines wissenschaftlichen Lebenswerkes abgeschlossen. Er übergab in den drei Naturgesetzen der räumlichen Anordnung und Bewegung der Planeten der Nachwelt das Rüstzeug für die nunmehr einsetzende Weiterentwicklung der astronomischen Wissenschaft.

Nach diesem dritten Gesetz bzw. nach einer Beziehung zwischen den mittleren Abständen der Planeten von der Sonne und ihren Umlauffrequenzen hat Kepler fast zwanzig Jahre gesucht. Seit dem Jahre 1599, nachdem er auf Grund der Kritik Brahes eingesehen hatte, daß sein „Weltgeheimnis" an der Wirklichkeit verbessert werden müßte, sammelte er Gedanken zu dem ihm vorschwebenden Buche über die Harmonien der Welt, wie er an den bayrischen Kanzler Herwart von Hohenburg schrieb. Immer wieder mußte er die Arbeit an diesem Werk unterbrechen. Beruflicher Ärger, Aufregungen durch äußere Ereignisse und andere, wichtige wissenschaftliche Arbeiten hielten ihn ab. Aber immer wieder zog es ihn zu dieser Arbeit zurück, vor allem dann, wenn er, innerlich zerrissen, der ausgleichenden Sammlung bedurfte. Als im Anfangsstadium des Hexenprozesses gegen seine Mutter im Herbst 1617 eine Reise in seine Heimat nötig wurde, las er

unterwegs in einer Schrift des Musikers Vincenzo Galilei, des
Vaters von Galileo Galilei, über Harmonien im Reiche der Töne.
Die dadurch angeregten neuen Gedanken legte er seinen Freun-
den in Tübingen dar.

Wieder in Linz angekommen, drängte zunächst die Arbeit an
den „Rudolphinischen Tafeln". Doch sie erforderte äußerste
Konzentration und innere Ruhe. Er hatte sie nicht, als im Früh-
jahr 1618 sein zweijähriges Töchterchen Katharina starb. In
dieser Zeit der inneren Erregung wandte er sich wieder den
„Weltharmonien" zu.

Das dritte Gesetz der Planetenanordnung und -bewegung erkannte Kepler bereits am 8. März 1618. Eine fehlerhafte Rech-
nung ließ ihn zunächst an der Richtigkeit dieser Entdeckung
zweifeln. Erst am 16. Mai desselben Jahres entdeckte er es end-
gültig, und am 27. Mai schloß er das ganze Werk ab. Nach dem
in Linz ausgeführten Druck lag es Anfang August 1619 vor.
Welche Ironie des Schicksals liegt darin, daß wenige Tage vor
der Vollendung des Manuskripts der „Weltharmonien" jener
Krieg ausgelöst wurde, durch den große Teile Deutschlands verwüstet und ganze Ortschaften ausgelöscht werden sollten.

Einem schon vor zwanzig Jahren gefaßten Entschluß folgend,
hatte Kepler die „Weltharmonien" dem König Jakob I. von Eng-
land gewidmet. Er schätzte diesen Monarchen, weil er die Wissenschaften förderte, und erhoffte von ihm die Beilegung der
zahlreichen politischen sowie insbesondere der religiösen Spannungen dieser Zeit. Von einzelnen Freunden und Bekannten
wurde er in seinem Vorhaben bestärkt; so von Bezold, einem
Professor in Tübingen, dem Kaiserlichen Leibarzt Remus und
sogar dem Kaiserlichen Rat Tengnagel. Doch scheint er später
diese Widmung aus politischen Gründen zurückgezogen zu haben,
weil sich Jakobs Schwiegersohn Friedrich V. von der Pfalz in
Böhmen als Gegenkönig krönen ließ und Kepler als Kaiserlicher
Mathematiker den Anschein vermeiden wollte, als ergreife er
gegen seinen habsburgischen Landesherrn Partei. Der Frankfurter
Verleger Tampach gab Kepler hundert Exemplare dieses Werkes,
die bei dem festgesetzten Verkaufspreis einem Honorar von 250
Gulden entsprachen.

Trotz der unruhigen Zeiten brachte Kepler im gleichen Jahre
noch drei Veröffentlichungen heraus. Die erste ist eine in seinen

Augen wichtige Flugschrift, mit der er sich an die Buchhändler
im Ausland, vor allem in Italien, wandte. Er befürchtete wegen
der Zensur durch die Kirchenbehörden einen Rückgang im Ver-
trieb gerade der „Weltharmonien" und schickte dieses Schreiben
persönlich an die einzelnen Buchhändler. Darin vertrat er die
Meinung, daß die Zensur ausgelöst wurde durch das ungeschickte
Verhalten einzelner, die sich bei der Popularisierung neuer astronomischer Entdeckungen und Erkenntnisse nicht der hierfür
angemessenen Form bedient hatten. Zugleich äußerte er die
Überzeugung, daß durch seine Werke die Richtigkeit der copernicanischen Lehre erkennbar wird und dadurch die kirchlichen
Behörden veranlaßt werden könnten, ihre frühere Entscheidung
zu überprüfen. Diesem diplomatisch geäußerten Wunsch Keplers
war aber kein Erfolg beschieden. 14 Jahre später stand Galilei
vor dem Inquisitionsgericht. Erst in dem im Jahre 1757 herausgegebenen Index wurde seitens der katholischen Kirche das Verbot von Büchern, in denen die copernicanische Lehre verbreitet
wird, zurückgezogen, und erst 1822 kam es angesichts der wissen-
schaftlich bewiesenen Tatsachen zu einem formellen Beschluß der
Inquisitionsbehörden, daß der Druck von Werken zulässig ist,
die die heliozentrische Lehre vertreten. Aber erst 1835 verschwan-
den die Werke über die copernicanische Lehre aus dem Index.
Das Urteil gegen Galilei ist nun endlich aufgehoben.
Die zweite Publikation war der Kalender mit Prognostikum für
das Jahr 1620. Das dritte, umfangreiche Werk des Jahres 1619
war eine in lateinischer Sprache in Augsburg gedruckte, drei-
bändige Veröffentlichung über die Kometen. Darin waren Beob-
achtungstatsachen und Gedanken aus dem im Jahre 1608 in
deutscher Sprache erschienenen Bericht über den Kometen des
Jahres 1607, der später den Namen Halleys (Edmund Halley
berechnete die Bahn des 1607 und 1683 erschienenen Kometen
nach dem von Newton 1687 veröffentlichten Gravitationsgesetz)
bekam, mit verwendet worden. Den Anstoß zu dieser dritten
Publikation gaben die drei Kometen des Jahres 1618, die vielerorts und auch von Kepler beobachtet worden waren. In dem
Buche hebt er die Ansicht Brahes hervor, daß die Kometen nicht
der Erdatmosphäre angehören, sondern durch den interplanetaren
Raum ziehen. Dazu bringt er seine bereits im Jahre 1608 ge-
äußerte Meinung, daß die Anzahl der Kometen im Weltraum

sehr groß sei, und gibt hier noch einmal seine Theorie über die physikalische Natur der Kometenschweife wieder. Er will damit die abergläubische Vorstellung bekämpfen, daß die Kometen Fackeln seien, die drohende Gefahren, vor allem Kriegsbrände verkündeten. Er erklärt die Entstehung der Schweife prinzipiell richtig durch die Einwirkung der Sonnenstrahlung auf den Kern der Kometen.

In dem für Kepler und seine Angehörigen schicksalsschweren Jahr 1620 erschienen nur zwei Arbeiten: der vierte Band des bereits früher genannten „Abrisses der copernicanischen Astronomie" in Linz und der Versuch einer Chronologie des „Alten Testamentes", die in Ulm gedruckt wurde. Bei diesem Versuch, aus der Bibel das Alter der Welt zu bestimmen, hat Kepler selbst schon vorher Bedenken gehabt, aber es reizte ihn, zu einer solchen Thematik Stellung zu nehmen. Später bereute er diesen Fehlgriff.

Die Schrecken des Krieges verschonten nun auch die Familie Kepler in Linz nicht mehr, das im Juli 1620 von den Truppen Maximilians von Bayern besetzt worden war. Die österreichischen Stände mußten nun Ferdinand II., den Jesuitenzögling, seit 1619 Kaiser, als ihren Regenten anerkennen und sahen ihre ständischen und religiösen Freiheiten bedroht.

Zu dieser Aufregung erhielt Kepler noch die Nachricht, daß seine Mutter in dem nun erneut bedrohlich gewordenen Hexenprozeß im August 1620 aus der Pfarrwohnung zu Heumaden in der Nacht verhaftet und nach Stuttgart ins Gefängnis gebracht worden war. Sofort schickte er wieder einen Brief an den Herzog, in dem er seine Verwunderung darüber äußerte, daß es den Feinden seiner Familie abermals gelungen sei, eine solche Wendung der Angelegenheit herbeizuführen. Er sprach darin weiter die Hoffnung aus, daß man der alten Frau eine menschenwürdige Unterbringung zuweisen möchte, da ihr keine Schuld im Sinne der Anklage nachgewiesen sei, und kündigte seine Ankunft in Stuttgart an, um persönlich als Verteidiger seiner Mutter aufzutreten. In der Unterschrift zu diesem Brief betonte Kepler seine Stellung in der Erwartung, daß auch dies seine Wirkung nicht verfehlen möge. Er zeichnet als „Euer fürstlichen Gnaden getreuer und gehorsamer Untertan und Landeskind, weiland beider kaiserlicher Majestäten Rudolph II. und Matthias und jetzo noch einer löblichen Landschaft in Österreich ob der Enns Mathematikus Johannes Keplerus". Durch dieses Schreiben hatte Kepler erreicht, daß der Prozeß bis zu seinem Eintreffen aufgeschoben wurde. Kepler, der die Praktiken der Hexenprozesse kannte, wußte nur zu gut, daß seine Mutter jetzt vor der Folter oder anderen Methoden der „peinlichen" Befragung stand, die so raffiniert ausgedacht waren, daß kein Mensch ihnen standhalten konnte. So gab es für ihn keine Wahl: er mußte persönlich die Verteidigung seiner Mutter in die Hand nehmen. Doch was sollte währenddessen aus seiner Familie werden?

In Linz, wo die Soldaten Maximilians hausten und niemand vor ihnen sicher war, wollte Kepler seine Familie nicht schutzlos zurücklassen. Er begab sich deshalb mit der ganzen Familie auf die Reise und brachte die Seinen in Regensburg bei den Angehörigen seiner verstorbenen Stieftochter Regina unter. Dort erblickte am 22. Januar 1621 seine Tochter Kordula das Licht der Welt.

Im September 1620 kam Kepler in seiner Heimat an, und es gelang ihm, seiner Mutter, die im Gefängnis über Kälte klagte, Erleichterungen zu erwirken. Zur Vorbereitung auf die Verteidigung seiner Mutter studierte er die einzelnen Punkte der Anklage und richtete seinen ganzen Scharfsinn darauf, sie einzeln zu entkräften. Die Anwesenheit des berühmten Mathematikers erregte während des Prozesses den Unwillen des Gerichtspersonals. Es ist bezeichnend, mit welchen Worten das Protokoll über die gerichtlichen Verhandlungen beginnt. „Die Verhaftete erscheint, leider mit Beistand ihres Sohnes, des Mathematikers Johann Keppler". Der Prozeß zog sich noch monatelang hin. Durch Keplers Eingreifen blieb seiner Mutter die Folter erspart. Nach langen Verhandlungen wurde sie freigesprochen. Sie strengte dann noch gegen ihre Ankläger einen Ehrenreinigungsprozeß an, erlebte dessen Ausgang allerdings nicht mehr, da sie durch das, was sie in den letzten Monaten erduldet hatte, körperlich geschwächt war. Sie starb im Alter von 74 Jahren, am 13. April 1622. Kepler kehrte erst im November 1621 nach Regensburg zurück und ließ, da er nicht wußte, was er in Linz antreffen würde, seine Familie über den Winter noch in Regensburg. Wenn man bedenkt, was er während des Prozesses und auf der Winterreise nach Linz durchgemacht hat, wundert man sich, daß er bei den Geldsorgen und seiner nicht sehr kräftigen Natur sich nicht von seiner wissenschaftlichen Arbeit abhalten ließ. Er beschäftigte sich damals noch mit den Logarithmen, die er für die Bearbeitung der „Rudolphinischen Tafeln" als Rechenerleichterung und Abkürzung für besonders wichtig hielt.

Erste Erwähnungen über Logarithmen finden sich bei dem Eßlinger Mathematiker Michael Stifel, einem Landsmann Keplers. Noch bevor der Schotte Neper im Jahre 1614 sein Werk über die Logarithmen veröffentlichte, hatte bereits Bürgi, der mit Kepler befreundet war, dieses neue Rechenverfahren angewandt und entsprechende Rechentafeln herzustellen begonnen, die jedoch erst im Jahre 1620 in Prag erschienen. Inzwischen hatte sich Kepler daran gemacht, selbst und nach einer eigenen Methode logarithmische Rechentafeln aufzustellen, die er erstmalig bei der Berechnung der Ephemeride für das Jahr 1620 benutzt hatte (siehe S. 56).

Eine weitere Arbeit erschien im Jahre 1621 in Ulm. Es war ein „Astronomischer Bericht" über zwei Mondfinsternisse des Jahres 1620, die er selbst beobachtet hatte. Das Manuskript verfaßte er in Stuttgart während der Zeit, die ihm zwischen den Gerichtsverhandlungen im Hexenprozeß blieb. Da dieser Bericht von ihm als Ersatz für die Ephemeride des Jahres 1621 geschrieben war, nach der große Nachfrage bestand, deren Fertigstellung sich aber wegen des Hexenprozesses verzögert hatte, erweiterte er die Schrift um ein Verzeichnis der Sonnenfinsternisse der letzten 80 Jahre, wobei er nach der damaligen Mode, irdische Ereignisse aus den Gestirnen abzuleiten, politische Ereignisse den einzelnen Finsternissen zuordnete.

Zwei weitere Publikationen des Jahres 1621, die Kepler in Frankfurt erscheinen ließ, waren der dritte Teil des „Abrisses der copernicanischen Astronomie" mit den Büchern V bis VII, über deren Inhalt bereits früher das Wesentliche gesagt wurde, sowie die zweite Auflage des „Prodromus", des „Weltgeheimnisses" aus dem Jahre 1596.

Man kann sich wohl fragen, was Kepler bewogen haben mag, sein Erstlingswerk, das nach dem Erscheinen seiner „Astronomia Nova" und der „Weltharmonien" keinen wissenschaftlichen Wert mehr haben konnte, in einem Nachdruck erscheinen zu lassen. Es mag eine ganze Reihe von Gründen dabei mitgesprochen haben. Unleugbar ist, daß trotz aller neuen und richtigen Erkenntnisse auch sein Herz immer noch an der faszinierenden ersten Konzeption der Darstellung des heliozentrischen Planetensystems hing. Da das mit Recht zur damaligen Zeit aufsehenerregende „Weltgeheimnis" sehr bald vergriffen war, wurde Kepler von vielen Seiten angesprochen, eine Neuauflage in Aussicht zu nehmen. Er erkannte jedoch die Schwierigkeiten eines solchen Unternehmens. Wollte er die von ihm selbst in den dazwischen liegenden Jahren gewonnenen neuen Erkenntnisse einarbeiten, so hätte das viel Zeit gekostet, und die hatte er nicht. Schließlich wäre ein ganz neues Buch daraus geworden. Schweren Herzens entschloß sich Kepler zu einem unveränderten Neudruck des „Prodromus", den er jedoch durch ausführliche Berichtigungen und Hinweise auf die später gewonnenen neuen Ergebnisse ergänzte. So stellte er jetzt die Abstände der einzelnen Planeten von der Sonne, die a priori durch die zwischen den Planeten befindlichen fünf Platonischen Körper gegeben sein sollen, als Mittelwerte dar, die im Laufe der Zeit durch die Bewegung selbst verwischt wurden. Auch stellte er nun die einzelnen Planetensphären, gegen die besonders Brahe ernste Bedenken vorbrachte, ebenso wie die Platonischen Körper, als lediglich mathematisch gegebene Größen ohne die Eigenschaften substantieller Körper dar, was durch die figürlichen Darstellungen im Werke selbst zu falschen Vorstellungen geführt hatte.

Wie die Tübinger Erstauflage, so widmete er auch den Frankfurter Neudruck den steirischen Ständen, wofür er von diesen eine Dedikation von 300 Gulden erhielt, was für ihn angesichts seiner großen Familie nicht ohne Bedeutung war.

Keplers moderne naturwissenschaftliche Denkweise kommt in einem 1622 in Frankfurt erschienenen Werk mit aller Deutlichkeit zum Ausdruck. Das Buch trägt den Titel: „Apologie der Weltharmonien" und wehrte die Angriffe des Oxforder Arztes und Theosophen Fludd ab, die dieser zunächst gegen einige Darlegungen der Keplerschen Harmonienlehre führte. Kepler, der sofort erkannt hatte, daß es sich hier um eine grundsätzlich andersartige, nicht auf exakter Beobachtung und Berechnung aufbauende Naturauffassung handelt, antwortete knapp und sachlich, wodurch er den Theosophen noch mehr reizte. Er drückte seine Überzeugung deutlich aus, wenn er gegenüber Fludds Geheimnistuerei und Schwärmerei klar feststellte, daß es keine im Dunkeln verborgenen Rätsel der Natur gäbe, die nicht grundsätzlich durch die Methoden der mathematisch-physikalischen Forschung ins helle Licht der Erkenntnis gerückt werden könnten.

Wie sehr die unruhigen Kriegszeiten in den Ablauf des geschäftlichen Lebens eingriffen, zeigte sich auch darin, daß der Kalender für das Jahr 1623, den Kepler herausgab, nicht rechtzeitig zum Kauf angeboten werden konnte, sondern erst im Februar 1623 ausgeliefert wurde. Gerade in diesem Jahr fand eine „große Konjunktion", nämlich eine nahe Begegnung zwischen Jupiter und Saturn statt, die zahlreiche Astrologen zu den unsinnigsten Spekulationen über die Bedeutung des Ereignisses am Himmel vor allem in Hinblick auf den Fortgang des Krieges veranlaßte. Keplers Antwort an die Sterndeuter lautete:

Es ist vergebens, daß jemand viel nachsinne, was Neues geschehen werde: ein jeder schaue auf dasjenige, was allbereits im Werk ist, oder was natürlicherweise bald ins Werk kommen möchte.

Dies ist, wie man feststellen kann, der gesunde Sinn der Keplerschen „Astrologie".

Der letzte von Kepler herausgegebene Kalender mit Prognostikum für das Jahr 1624 hatte ein eigenartiges Schicksal. Dieser Kalender war wieder den Ständen der Steiermark gewidmet, wurde aber im Dezember 1623 in Graz öffentlich verbrannt. Angeblich war diese Kalenderverbrennung von privater Seite durchgeführt worden, weil man empört war, daß auf dem Titelblatt die Landschaft Österreich ob der Enns vor Steiermark genannt wird. Vermutlich steckte aber auch die den Ständen feindliche katholische Reaktion dahinter.

Kepler, der im wissenschaftlichen Bereich allem Neuen gegenüber stets aufgeschlossen war, begann sich, wie schon erwähnt, seit 1619 mit den Logarithmen eingehender zu beschäftigen. Er begnügte sich nicht mit der einfachen Anwendung der von Neper herausgegebenen Tafeln, deren Grundgedanke ihm vertraut war. Kannte er doch durch die Tafeln seines Freundes Bürgi, die vor dem Erscheinen von Nepers Werk vorlagen, das abgekürzte Rechenverfahren. Im Winter 1621/22 verfaßte Kepler seine Logarithmentafeln und stellte das druckfertige Manuskript her. Bei seinem Lehrer Mästlin, dem er das Manuskript zusandte, um es in Tübingen zum Druck bringen zu lassen, fand er kein Verständnis. Es stehe „einem Professor der Mathematik nicht an, sich über irgendeine Abkürzung der Rechnungen kindisch zu freuen", war dessen Urteil. Ein wesentlich größeres Verständnis für die Bedeutung dieses neuen Rechenverfahrens zeigte der Landgraf Philipp von Hessen, der Kepler aufforderte, die noch bei manchen bestehenden Bedenken gegen das Rechnen mit Logarithmen zu beheben. Überrascht von soviel Verständnis widmete Kepler sein Werk diesem Fürsten und ließ ihm durch seinen Tübinger Freund Wilhelm Schickart Ende des Jahres 1623 das Manuskript zustellen. Eine zweite Überraschung erlebte Kepler allerdings, als er im Katalog der Frankfurter Herbstmesse 1624 sein Werk verzeichnet fand, das der Landgraf, ohne ihn zu informieren, in Marburg hatte drucken lassen. Als Autor erhielt er zehn Exemplare und für die Widmung 50 Reichstaler. Im Jahr darauf erschien eine Ergänzung zu den Logarithmentafeln, die dem Wunsche des Landgrafen entsprach, durch ausführliche Erläuterungen und eine Gebrauchsanweisung die Tafeln für die allgemeine Einführung dieses Rechenverfahrens geeignet zu machen.

Die Kometen des Jahres 1618 hatten durch ihre Auffälligkeit eine Reihe von Publikationen meist astrologischer Art ausgelöst. Unter den mehr wissenschaftlichen Kometenabhandlungen war eine Schrift des Chiaramonti, der Legat beim Papste war. Er vertrat darin die aristotelische Ansicht von der Natur der Kometen als Erscheinung in der irdischen Atmosphäre und bekämpfte Brahes astronomische Theorie, daß die Kometen Weltkörper im interplanetaren Raum seien, die wegen der verschwindenden Kleinheit der Kometenparallaxen wohlbegründet war. Kepler bekam erst einige Jahre später Kenntnis von der Schrift Chiaramontis, fühlte sich aber nun verpflichtet, die Ansicht Brahes, den er zeitlebens hochschätzte, gegen diese Angriffe zu verteidigen. So verfaßte er eine Gegenschrift, in der er, ausgerüstet mit seinem überlegenen astronomischen Wissen, das Werk des Chiaramonti Seite für Seite widerlegte. Ob es der Eifer für seinen toten Meister war oder die innere Erregung über die Kühnheit des Brahegegners, mit den abgegriffenen aristotelischen Argumenten die zwingenden Beweise für die extraterrestrische Natur der Kometen zu ignorieren, hier hat Kepler den wissenschaftlichen Meinungsstreit ebenso wie sein Gegner in einer Form geführt, die

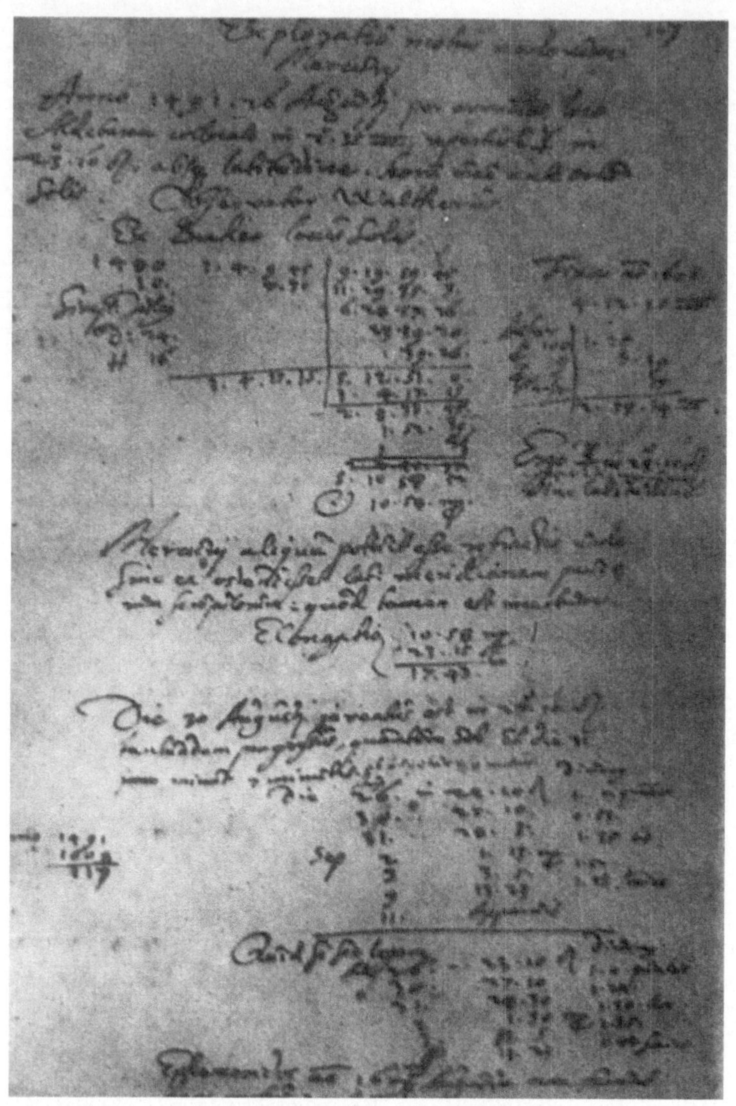

10 Seite des Kepler-Manuskriptes zur Bestimmung der Knotenbewegung des Merkur. Entnommen den Acta Albertina Ratisbonensia, Band 32, 1971, S. 131 [13]

von den übrigen Entgegnungen nachteilig abweicht. Interessant ist, daß sich die Jesuiten mit dieser Entgegnung Keplers besonders beschäftigten, weil Galilei, in dessen wissenschaftlichen Arbeiten sie Fehler nachzuweisen trachteten, fast die gleiche Ansicht über die Kometen vertrat wie Chiaramonti.

Nachdem die Familie Kepler aus Regensburg wieder nach Linz zurückgekehrt war, verliefen die nächsten beiden Jahre 1622 und 1623 verhältnismäßig ruhig, so daß sich Kepler wieder stärker den wissenschaftlichen Arbeiten, vor allem der Fertigstellung der „Rudolphinischen Tafeln", widmen konnte. Wegen der Drucklegung dieser Tafeln mußte er im Jahre 1624 eine Reise nach Wien unternehmen, um am Hofe die notwendigen Mittel zu erwirken. Er benutzte diese Gelegenheit aber zugleich, um seine Ansprüche auf Auszahlung der rückständigen Gehälter anzumelden. Die ihm noch nicht ausgezahlte Summe war inzwischen auf über 6000 Gulden angestiegen. Der von ihm in einer Denkschrift nachgewiesene Betrag wurde anerkannt, er selbst bekam Anweisung auf die Stadtkassen einiger Reichsstädte. Auf ein Schreiben an die Verwaltung der Stadt Nürnberg bekam er den Bescheid, daß man außerstande sei, der Verpflichtung nachzukommen. So sah er sich gezwungen, im April des folgenden Jahres persönlich nach Oberschwaben zu reisen, wo er mehr Glück hatte. Bei seiner Rückkehr nach Linz im September 1625 hatte er von den Städten Kempten und Memmingen wenigstens 2000 Gulden erhalten, eine nach dem damaligen Geldwert recht beträchtliche Summe. Er konnte diesen Zuwachs seiner Finanzen auch gut gebrauchen. Im Jahre 1623 war zwar sein vierjähriger Sohn Sebald gestorben, doch erblickte im gleichen Jahr wieder ein Sohn, Friedmar, das Licht der Welt. Am 6. April 1625 schenkte ihm seine Frau einen dritten Sohn Hildebert, so daß er nunmehr für fünf Kinder zu sorgen hatte.

Inzwischen aber zogen am politischen Horizont wieder neue Gefahren herauf; er sollte nun auch in Linz seines Lebens nicht mehr froh werden. Im Oktober 1625 holte die katholisch-feudale Reaktion in Oberösterreich, das an Bayern verpfändet worden war, zum entscheidenden Schlag aus. Die Schließung der protestantischen Schulen und der Zwang, die Jesuitenschule zu besuchen, traf auch Keplers Sohn Ludwig, der jetzt 18 Jahre alt war. Um dem Vater Unannehmlichkeiten zu ersparen, wurde

Ludwig von Bekannten ohne Wissen des Vaters nach Sulzbach in der Oberpfalz gebracht, wo er das lutherische Gymnasium besuchen konnte. Von dort ging er an die Universität nach Tübingen, wo man ihm ein Stipendium bewilligt hatte, um seine streng protestantische Erziehung zu sichern und ihn dem weniger an Dogmen gebundenen religiösen Einfluß seines Vaters zu entziehen.

Die protestantischen Stände in Linz hatten unter dem strengen Regime des Statthalters Graf Herbersdorf schwer zu leiden. Dessen Söldner hausten übel in der Stadt und im ganzen Land. Unter dem unerträglichen Druck der von Bayern eingesetzten Verwaltungsstellen brach der durch die sozialen Widersprüche schon seit langem sich anbahnende große Bauernaufstand aus. Ende Juni begann die etwa 14 Wochen dauernde Belagerung von Linz durch das Bauernheer. Die Zufahrtswege waren gesperrt, und die Lebensmittel in der Stadt wurden knapp. Doch mußte, wie Kepler selbst bezeugte, seine Familie kein Pferdefleisch essen.

Während der Belagerung enthoben die Jesuiten den Oberprediger Hitzler seines Amtes. Aber Kepler, dem er durch seine Unduldsamkeit viel Leid zugefügt hatte, vergalt dies nicht, sondern gewährte ihm und seiner Familie Schutz und Obdach in seinem Hause. Ja, er beobachtete sogar friedlich mit ihm eine Mondfinsternis in der belagerten Stadt. Bei der Fahndung nach verbotenen Büchern wurde vorübergehend auch der Teil von Keplers Bibliothek versiegelt, der theologische Schriften enthielt.

Die Einschränkung der Rechte der Protestanten ging noch weiter, als die Stadt Linz durch kaiserliche Truppen entsetzt und der Aufstand der Bauern blutig niedergeschlagen war. Die protestantischen Prediger und Lehrer wurden ausgewiesen. Wenn auch bislang der Titel „Kaiserlicher Mathematiker" Kepler vor größeren Unzuträglichkeiten bewahrte, fühlte er sich unter diesen Umständen nicht mehr sicher und erwirkte, ehe es zu spät war, die kaiserliche Erlaubnis, seinen Aufenthalt zur Fertigstellung der „Rudolphinischen Tafeln" an einem ruhigen Ort zu wählen. Auch die Stände, deren Machtbefugnisse zusammengeschrumpft waren, legten ihm nichts in den Weg. Am 20. November 1626 fand der Umzug der Familie nach Regensburg statt, Kepler selbst zog Anfang Dezember nach Ulm, wo er die notwendige Arbeitsruhe zu finden hoffte.

Bald fühlte er sich in dieser Stadt heimisch. Ulm war damals eine der mächtigsten Städte im Reich, bekannt durch ihren weit über die Grenzen des Reiches sich erstreckenden Handel, bekannt auch als Pflegestätte von Wissenschaft und Kunst. Hier brauchte er auch keine Gegenreformation zu befürchten, denn Ulm war „gut protestantisch", und seine Bürger verstanden ihre Interessen zu wahren. Aber trotzdem war auch hier sein Leben nicht frei von Sorgen aller Art.

Da er sich bei der Immatrikulation seines Sohnes verpflichtet hatte, im Falle eines Versagens oder eines Ausschlusses vom Studium alle für ihn aufgewandten Kosten zurückzuzahlen, bekümmerte ihn auch aus diesen Gründen die Nachricht, daß sein Sohn im Begriffe war, ein flottes Studentenleben zu beginnen. Kepler wandte sich deshalb an seinen Freund Wilhelm Schickart, Professor der orientalischen Sprachen und der Astronomie und Nachfolger Mästlins, und bat ihn, Ludwig etwas im Auge zu behalten, von ihm Rechenschaft darüber zu verlangen, wie er seine Zeit und das Geld anwende und ihm auf keinen Fall Geld zu leihen. Diese väterliche Maßnahme hat, wie wir wissen, ihre Wirkung nicht verfehlt.

In diese Zeit fiel auch der theologische Fragen betreffende Briefwechsel mit seinem Freund Bezold, dessen Hinneigen zum Katholizismus ihm nicht unbekannt war. Der tiefreligiöse Kepler litt unter diesen Glaubenszweifeln seines Jugendfreundes, die in dem Zwiespalt und den Kämpfen innerhalb des Protestantismus begründet waren. Auf diese Dinge stützte sich auch der an der Jesuiten-Universität von Dillingen tätige Pater Curtius, mit dem Kepler in Briefwechsel über astronomische Fragen stand, als er anläßlich eines Besuches des Astronomen Ende November 1627 einen Versuch machte, den berühmten Mann zum Katholizismus zu bekehren. Der Versuch scheiterte freilich an der unerschütterlichen Haltung Keplers.

Der eigentliche Grund des Besuches war ein wissenschaftlicher. Der Jesuit Terrentius, der in China tätig war, hatte sich wegen chronologischer Fragen an seinen Amtsbruder in Dillingen gewandt und in seinem Brief zugleich angefragt, ob Keplers „Hipparch" inzwischen erschienen sei. Curtius sandte den Brief an Kepler, und dieser gab die gewünschten Auskünfte an Terrentius. Die astronomisch-chronologischen Daten, die Terrentius in China gesammelt hatte, gab Kepler kurz vor seinem Tode mit eigenen Anmerkungen in Druck, da er zeitlich weit zurückliegende Beobachtungen alter Völker als Informationen für die Bahnbestimmung der Himmelskörper außerordentlich schätzte. Der „Hipparch", eine geplante Arbeit, die er nach dem größten Astronomen des Altertums benennen wollte, wurde von ihm zwar vor über 20 Jahren in Aussicht gestellt, ist aber infolge der oft recht schwierigen Verhältnisse seines Lebens nie vollendet worden. In Keplers wissenschaftlichem Nachlaß fanden sich davon nur die umfangreichen Vorarbeiten. Er hatte das Werk noch fertigstellen wollen, wie er an seinen Freund Krüger in Danzig schrieb, „wofern Gott Leben und Kräfte gewährt".

Mit den „Rudolphinischen Tafeln", nach dem Ort ihrer Drucklegung gelegentlich auch „Ulmer Tafeln" genannt, hat Kepler ein astronomisches Werk geschaffen, das fast ein ganzes Jahrhundert als Grundlage der Ephemeridenrechnung diente. Die Idee zu diesen Tafeln stammt von Tycho Brahe, der auch den Namen bereits festgelegt hatte. Nachdem sich herausgestellt hatte, daß die „Prutenischen" oder „Preußischen Tafeln", die von dem Wittenberger Astronomen Erasmus Reinhold nach der Planetentheorie des Copernicus berechnet waren, keine genaueren Planetenpositionen ergaben als die „Alphonsinischen Tafeln", bestand die Notwendigkeit, die schon von Regiomontanus erhobene Forderung nach Erhöhung der Beobachtungsgenauigkeit zu erfüllen. Diesem Ziel diente die astronomische Lebensarbeit Brahes. Erreicht wurde dieses Ziel von Kepler allerdings in einem anderen Sinne, als es sich Brahe erhofft hatte, und außerdem unter großen Schwierigkeiten, die in verschiedener Gestalt den 20 Jahre dauernden Arbeitsweg säumten, den Kepler allein gerade noch vollenden konnte.

In Ulm kam endlich der Druck des bereits in Linz fertiggestellten Manuskriptes zustande. Man kann sagen, daß Kepler den Druck auf eigene Kosten herstellen ließ, wenn man bedenkt, daß die einst dafür bewilligten Summen bei weitem nicht dem entsprachen, was der kaiserliche Hof ihm noch schuldete. Dabei bewies er jedoch auch Geschäftssinn genug, um für einen guten Absatz zu sorgen, damit außer den Herstellungskosten noch ein Überschuß für sich und die Erben Brahes blieb.

Die Anwesenheit des berühmten Mathematikers in Ulm benutzte

der Rat der Stadt, um die im Laufe der Zeit durch Verlust und
Ersatz in Unordnung geratenen Maße und Gewichte erneuern
zu lassen. Kepler hat dieser Bitte gern entsprochen und einen
„Eichkessel" entworfen, der die gewünschten Maße in sich ver-
einigte. Die Idee dazu verrät Phantasie und Einfühlungsvermö-
gen. Kepler, der selber gern dichtete, verfaßte auch den auf der
Außenseite des „Ulmer Kessels" stehenden Spruch:

> Zwen schuch mein tieffe, ein eln mein quer,
> ein geeichter aimer macht mich lehr,
> dann sind mir vierthalb centner bliben,
> vol donauw wasser wege ich siben,
> doch lieber mich mit kernen euch
> und vierund sechzig mal abstreich,
> so bistu neinzig ime reich.
> Goß mich Hans Braun 1627.

Der „Eichkessel" enthält in einem zylindrischen Innenraum die
damals üblichen und festgesetzten Längen-, Hohl- und Gewichts-
maße, und zwar: zwei Längenmaße, die Elle als Durchmesser,
den neuen Ulmer Schuh als halbe Höhe, den Eimer als Volumen,
wobei ein Eimer Donauwasser zugleich dreieinhalb Zentner wiegt
und der leere Kessel dasselbe Gewicht besitzt. Schließlich wird
noch das alte süddeutsche Hohlmaß, das „Ime", eingeschlossen.

Kepler in Sagan (1628 – 1630)

Nach seiner Rückkehr von der Frankfurter Herbstmesse blieb
Kepler nur wenige Tage in Ulm und reiste dann zu seiner Familie nach Regensburg, wo er drei Wochen blieb. Die Sorge um die
Zukunft trieb ihn nach Prag. Kurz vor Weihnachten begann er
die Reise über den Böhmerwald, die gerade im Winter nicht angenehm gewesen sein wird. Ende Dezember traf er in Prag ein,
wo die Entscheidung über sein ferneres Geschick fallen sollte.
Mit der Fertigstellung der dem Kaiser Ferdinand II. gewidmeten
„Rudolphinischen Tafeln" war die Aufgabe, die Kepler im Jahre
1601 übertragen worden war, gelöst. Nun überbrachte er dem
Kaiser eigenhändig ein Exemplar der Tafeln. Ferdinand II. nahm
es huldvoll entgegen und verfügte, daß dem Kaiserlichen Mathematiker von den noch ausstehenden Gehältern ein Betrag von
4000 Gulden ausbezahlt werden sollte. Der inzwischen auf
12 000 Gulden angewachsene Restbetrag wurde vom Kaiser auf
den damals noch mächtigen Fürsten des Reiches, den Herzog von
Friedland Albrecht von Wallenstein, übertragen.
Kepler hatte früher schon mit dem Friedländer wegen dessen
astrologischer Neigung im Briefwechsel gestanden und ihm aus
seinem Horoskop Prognosen gestellt. Nun wurde durch die Entscheidung des Kaisers der persönliche Verkehr zwischen den
beiden Männern eingeleitet. Wallenstein war anscheinend erfreut,
einen so berühmten Mathematiker und Astronomen gewonnen
zu haben. Er lud Kepler ein, seinen Wohnsitz nach Sagan (heute
Zagán) zu verlegen, wo er sich selbst eine herrliche Residenz aufbauen ließ, und versprach ihm eine ruhige Arbeitsstätte und Mittel zum Druck seiner Werke. Eigenhändig schrieb Wallenstein an
den Landeshauptmann Graf Kaunitz, Kepler gut aufzunehmen.
Nachdem alle wesentlichen Fragen in Prag geklärt waren, kehrte
Kepler zu den Seinen nach Regensburg zurück, löste nun end-
gültig sein Dienstverhältnis in Linz und bereitete den Umzug
nach Sagan vor. Dieser konnte aber erst im Sommer 1628 statt-
finden und war gewiß recht beschwerlich, da die drei Kinder erst

drei, fünf und sieben Jahre alt waren. Der Sohn Ludwig studierte noch in Tübingen, und die Tochter Susanne war als Erzieherin im Dienst der Markgräfin in Durlach.

Die erste Zeit in Sagan begann zunächst recht zufriedenstellend. Um Kepler von zeitraubenden Rechenarbeiten zu entlasten, gab man ihm einen Assistenten und ließ auf seinen Vorschlag den jungen Astronomen Jakob Bartsch kommen, mit dem er bereits näher bekannt war. Bartsch, der aus Lauban (heute Lubán) stammte und in Straßburg Astronomie studiert hatte, war einer der ersten, der die „Rudolphinischen Tafeln" zur Berechnung von Ephemeriden benutzt hatte und dem sehr daran gelegen war, Mitarbeiter des berühmten Kepler zu werden.

Mit der Anstellung bei Wallenstein hatte Kepler leider auch Verpflichtungen übernehmen müssen, die ihm weniger angenehm waren, nämlich astrologische Konsultationen. Zwar hatte Wallenstein seinen Leibastrologen Zeno aus Genua ständig um sich. Doch das genügte ihm nun nicht mehr, und er wollte sich auch von dem berühmten Mathematiker Horoskope stellen lassen. Sein Vertrauen zu Kepler war in prognostischer Hinsicht deshalb so groß, weil dieser ihm bereits im Jahre 1608 ein Horoskop gestellt hatte, dessen Voraussage zufälligerweise in den meisten Punkten eingetroffen war. Nun wünschte sich Wallenstein zum Vergleich auch die Horoskope des Kaisers und anderer einflußreicher Persönlichkeiten, von denen er sich in seinem Machtstreben bedroht fühlte. Nach allem, was über Keplers Einstellung zu dieser Art astrologischer Prognostik bekannt ist, muß er die Erfüllung dieser Wünsche seines jetzigen Brotgebers als äußerst lästig empfunden haben. Er konnte sich dieser Pflicht jedoch nicht entziehen, wenn er seine und seiner Familie Existenz nicht gefährden wollte.

Trotz dieser unangenehmen zeitlichen Belastung konnte Kepler in Sagan noch einige wissenschaftliche Arbeiten publizieren. Die erste war eine Ergänzung zu den „Ulmer Tafeln". Im Jahr 1629 erschien außerdem noch eine Ankündigung von zwei astronomischen Ereignissen des Jahres 1631, eines Venus- und Merkurdurchgangs, die nach Keplers Vorausberechnungen zu erwarten waren. Pierre Gassendi in Paris beobachtete den Merkurdurchgang, den Venusdurchgang konnte er nicht sehen, da er im zweiten Teil der Nacht vor Sonnenaufgang stattfand.

Für die Berechnung der Ephemeriden der Jahre 1621 bis 1638 wurden die „Ulmer Tafeln" benutzt. Ohne die Hilfe seines Assistenten Bartsch hätte Kepler diese Aufgabe nicht mehr bewältigen können. Die Publikationen erfolgten deshalb unter beider Namen. Überhaupt schätzte Kepler den jungen Astronomen, mit dem eine harmonische Zusammenarbeit möglich war. Das brachte ihn auf den Gedanken, ihn mit seiner Tochter Susanne zu verheiraten. Deshalb erkundigte er sich bei seinem Freund Bernegger in Straßburg nach seinem Eindruck über den jungen Mann. Die Auskunft fiel positiv aus, und Kepler erfuhr zugleich, daß Bartsch für eine Professur an der Straßburger Universität in Aussicht genommen war. An seinem Assistenten mißfiel ihm einzig dessen Neigung zur Astrologie. Doch legte er deshalb dem Glück seiner Tochter nichts in den Weg. Bei der Hochzeit, die am 2. März 1630 in Straßburg stattfand, konnten die Eltern allerdings nicht anwesend sein.

Noch eine Familienfeier wurde Kepler im letzten Jahre seines Lebens zuteil: am 18. April wurde seine Tochter Anna-Maria geboren. Dies war auch der Anlaß, daß die jungen Eheleute aus Straßburg in Sagan zu Besuch weilten.

Wallenstein hatte Ende des Jahres Kepler in Sagan zur Förderung des Druckes seiner Schriften eine Druckpresse einrichten lassen. Kepler widmete ihm dafür als Neujahrsgabe die Veröffentlichung der chronologischen Daten, die er von Pater Terrentius erhalten hatte, ergänzt durch ausführliche eigene Kommentare. In humorvoller Weise läßt Kepler in der Widmung durchblicken, daß durch die neue Presse nun sogar zwischen Wallenstein und China Beziehungen angeknüpft wurden.

Die Familie Kepler hatte in Sagan keine Not zu leiden brauchen, doch die vom Kaiser übertragene Verpflichtung zur Auszahlung der in den Jahren 1601 bis 1611 von der Kanzlei zurückbehaltenen Teile der Gehälter hat Wallenstein nie erfüllt. Um sich aber den Anschein der Großzügigkeit zu geben und den lästigen Mahner abzuschieben, wollte Wallenstein, der erst vor kurzem zum Herzog von Mecklenburg ernannt worden war, Kepler auf dem Lehrstuhl für Mathematik an der Landesuniversität in Rostock sehen. Eine ordnungsgemäße Berufung erfolgte durch die philosophische Fakultät. Kepler hätte dem Wunsch Wallensteins entsprochen, wenn dieser die Genehmigung des Kaisers erwirkt und die Gehaltsrückstände voll ausbezahlt hätte. Es scheint, als wollte sich Kepler durch die gestellten Bedingungen die Gewißheit verschaffen, ob er von seiten des Herzogs noch auf die Auszahlung der Rückstände hoffen durfte. Als daraufhin nichts erfolgte und er aus den Umständen erkannte, daß Wallensteins Macht nicht mehr unerschütterlich war, entschloß er sich, seine Gehaltsforderung dem in Regensburg tagenden Reichstag zu unterbreiten.

Anfang Oktober begab er sich auf die weite Reise, legte in Leipzig bei seinem Freund Müller eine Ruhepause von einigen Tagen ein. In der dritten Woche des Oktober traf er in Regensburg ein, sicherlich von den Strapazen des beschwerlichen Rittes geschwächt, aber anscheinend noch nicht krank. Seine Bemühungen, zu einer Sitzung des Reichstages zugelassen zu werden, hatten keinen Erfolg. Es standen jetzt mitten im Kriege wichtige Fragen zur Diskussion. Die Kurfürsten befürchteten eine zu große Stärkung der Macht des Kaisers durch Wallenstein und erreichten dessen Entlassung. In dem stürmischen Verlauf dieser Verhandlungen hatte niemand ein Ohr für die rechtmäßigen Gehaltsansprüche des früheren Kaiserlichen Mathematikers, zumal er jetzt in Wallensteins Diensten stand.

Enttäuscht über diese Behandlung, niedergedrückt von Kummer und Sorge um die Seinen, erschöpft von den Anstrengungen der Reise, wurde sein ohnedies wenig widerstandsfähiger Körper von einer fiebrigen Erkältungskrankheit aufs Krankenlager geworfen. In der Hoffnungslosigkeit seiner Lage schwanden trotz sorgfältiger Pflege seine körperlichen Kräfte.

Am 15. November 1630 schloß er, fern von seiner Familie, für immer die Augen. Groß war die Zahl derer, die ihn zur letzten Ruhestätte begleiteten. Auch viele Fürsten und Würdenträger des Reiches, die zum Reichstag gekommen waren, erwiesen dem großen Toten die letzte Ehre. Viele von ihnen werden ihn persönlich gekannt haben. Hatte er doch hier in Regensburg auf dem Reichstag des Jahres 1613 sein Gutachten zur Kalenderreform abgegeben.

Der Leichenzug bewegte sich durch das Stadttor hinaus auf den St. Peters-Kirchhof vor den Toren. Als Protestant durfte er nicht innerhalb der Mauern der katholischen Stadt beerdigt werden. Die Regensburger Freunde ließen auf sein Grab einen Stein set-

zen mit seinen Lebensdaten und dem Distichon, das von ihm
selber stammen soll:

> Mensus eram coelos, nunc terrae metior umbras.
> Mens coelestis erat, corporis umbra iacet.

Auf Deutsch:

> Die Himmel hab ich gemessen, jetzt meß ich die Schatten der Erde.
> Himmelwärts strebte der Geist, des Körpers Schatten ruht hier.

Grabstein und Grab fand man nicht mehr, als drei Jahre später
Regensburg durch den Herzog Bernhard von Weimar erobert
und bei den Kriegshandlungen der Friedhof verwüstet wurde.

Ausklang

Johannes Kepler hinterließ bei seinem Tode außer seiner zweiten Frau, Susanne, zwei Kinder aus erster Ehe, Susanne und Ludwig, und vier unmündige Kinder aus zweiter Ehe: Kordula, Friedmar, Hildebert und Anna-Maria im Alter zwischen neun und nur einem halben Jahr. So wird sein Vorhaben, die Ausbezahlung der noch ausstehenden Gehaltsbeträge auf dem Reichstag zu Regensburg zu erwirken, als Handlung eines besorgten Familienvaters durchaus verständlich.

Der Fehlschlag seiner Reise und die auf dem Reichstag zu Regensburg erfolgte Absetzung Wallensteins machten auch die Hoffnung auf eine Witwenrente zunichte. In der damaligen Zeit bedeutete dies für die noch nicht versorgten Kinder und ihre Mutter Armut und Not. Aus einer Bittschrift seines Sohnes Ludwig an den Kaiser ist zu entnehmen, daß „seine beede Brüder sampt der Stiefmutter wegen höchster armuth und Ellendt das Leben eingebüßet" [6]. Auch Kordula und Anna-Maria haben ihren Vater nur wenige Jahre überlebt.

Direkte Nachkommen Keplers konnten von Susanne und Ludwig nachgewiesen werden, die beide später nach Norddeutschland gezogen waren. Ludwig hat im Jahre 1634 das im wesentlichen druckfertige Werk seines Vaters „Somnium de Astronomia lunari" (zu deutsch: Ein Traum von der Mondastronomie) herausgegeben, das Kepler selbst, trotz seines vorwiegend spekulativen Inhalts, besonders schätzte. Durch Betrachtungen über die Bewohnbarkeit des Mondes, die Mondatmosphäre und Gebirge hat diese Schrift den Anstoß zur Begründung der physischen Mondkunde durch den Selenographen Hevelius gegeben.

Kepler hinterließ einen umfangreichen schriftlichen Nachlaß, darunter Manuskripte seiner im Druck erschienenen Werke, sowie den überwiegenden Teil seines Briefwechsels. Das Schicksal dieses Nachlasses war abenteuerlich. Ludwig Kepler verkaufte ihn an den bekannten Gdansker Astronomen Hevelius. Dort überstand er den Brand, der den größten Teil der wissenschaftlichen

Bibliothek dieses Wissenschaftlers vernichtete. Der Schwiegersohn von Hevelius gab Keplers Nachlaß gegen 100 Gulden weiter an einen in Leipzig studierenden Bekannten aus Gdansk, namens Hansch. Als Professor für Mathematik in Leipzig begann Hansch den Nachlaß Keplers für eine Großausgabe zu ordnen. Nach Erscheinen des ersten Bandes, der Daten aus Keplers Leben und einen Teil des Briefwechsels enthielt, verarmte Hansch, so daß er gezwungen war, Teile des Nachlasses zu verkaufen. So kamen drei Bände nach Wien, das übrige nach Frankfurt am Main. Schließlich hat, durch den bekannten Mathematiker Leonhard Euler auf die Bedeutung des Nachlasses hingewiesen, die Zarin Katharina II. von Rußland die Anschaffung für die Petersburger Akademie bewilligt. Euler hatte die Absicht, die Schriften zum Druck ordnen zu lassen. Doch der Druck erfolgte nicht. Schließlich kam der Nachlaß Keplers in die Bibliothek des 1839 gegründeten Pulkovoer Observatoriums unweit des damaligen St. Petersburg. Gut verwahrt gehören diese Manuskripte heute zu den Kostbarkeiten der Heldenstadt Leningrad.

Im deutschen Sprachgebiet ist das wissenschaftliche Schaffen und der Ablauf des Lebens Keplers besonders durch die von Christian Frisch in fast dreißigjähriger Arbeit geschaffene Ausgabe der Werke Keplers zugänglich geworden [1]. Diese acht Bände umfassende Gesamtausgabe erschien im Jahre 1871 zum 300. Geburtstag Keplers. Die von M. Caspar (1923) begonnene Ausgabe der Keplerschen Werke ist bis auf die Bände 11 und 12 inzwischen vollendet. In den Bänden 13–18 liegt sein Briefwechsel vor. Dokumente zu Keplers Leben und Werk sind in der Bearbeitung von Martha List als Band 19 im Jahre 1975 erschienen.

Chronologie

1571	27. Dezember: Geburt.
1577/82	Besuch der Vorschule und mit Unterbrechung der Lateinschule in Leonberg und Elmendingen.
1583	17. Mai: Landexamen bestanden (Voraussetzung für den Besuch einer Klosterschule).
1584	16. Oktober–6. Oktober 1586: Besuch der Klosterschule Adelberg und Abschlußprüfung.
1586	26. November: Eintritt in die höhere Klosterschule Maulbronn.
1588	25. September: Bakkalaureats-Prüfung an der Universität Tübingen.
1589	17. September: Immatrikulation an der Universität Tübingen. Als Stipendiat des Herzogs Eintritt in das Theologische Stift.
1591	11. August: Magisterprüfung. Beginn des dreijährigen Theologie-Studiums.
1594	13. März–11. April: Reise nach Graz. 24. Mai: Beginn der Lehrtätigkeit an der Landschaftsschule in Graz.
1596	Erstlingswerk „Prodromus".
1597	27. April: Heirat mit Barbara Müller von Mühleck.
1600	Januar–Juni: Reise zu Tycho Brahe auf Schloß Benatek bei Prag. 7. Juli: Ausweisungsbefehl aus Graz. 30. September: Übersiedlung nach Prag.
1601	26. Oktober: Ernennung zum Kaiserlichen Mathematiker und Übertragung der Verantwortung für die Fortführung der Arbeiten des verstorbenen Tycho Brahe (24. Oktober 1601).
1609	„Astronomia Nova".
1611	3. Juli: Tod seiner Frau Barbara.
1612	Mai: Umzug nach Linz.
1613	30. Oktober: Heirat mit Susanne Reuttinger.
1617	Oktober–Dezember: Erste Reise in die Heimat (Hexenprozeß gegen seine Mutter).
1619	27. Mai: Vollendung der „Harmonices Mundi".
1620	September–November 1621: Zweite Reise in die Heimat (Hexenprozeß gegen seine Mutter).
1624	Oktober–Januar 1625: Verhandlungen wegen der Rudolphinischen Tafeln in Wien.
1626	November: Die Familie Kepler verläßt Linz in Richtung Regensburg. Dezember–Oktober 1627: Wegen Druck der Rudolphinischen Tafeln Aufenthalt in Ulm.

1627   September–Juli 1628: Reisen nach Frankfurt (Buchmesse), Ulm
        (Rudolphinische Tafeln), Regensburg (zur Familie), Prag (Abgabe
        der Rudolphinischen Tafeln an den Kaiser, Kepler an Herzog
        Albrecht von Wallenstein gewiesen), Regensburg (zur Familie)
        und Linz (Lösung des Dienstverhältnisses mit den österreichischen
        Ständen).
1628   26. Juli: Ankunft der Familie Kepler in Sagan.
1629   22. Juli: Berufung auf den Lehrstuhl der Mathematik an der Uni-
        versität Rostock.
1630   8. Oktober: Abreise über Leipzig nach Regensburg.
        15. November: Tod in Regensburg.

Literatur

[1] Chr. Frisch: Joannis Kepleri Astronomi opera omnia. 8 Bände. Francofurti a. M. et Erlangae 1858 ad 1871.

[2] Johannes Kepler: Neue Astronomie. Übersetzt und eingeleitet von M. Caspar. München, Berlin 1929.

[3] Johannes Kepler: Gesammelte Werke. Herausgegeben von M. Caspar und F. Hammer. München, seit 1937.

[4] M. Caspar: Biographia Kepleriana. München 1935.

[5] S. Günther: Kepler – Galilei. Berlin 1896.

[6] P. Roßnagel: Johannes Keplers Weltbild und Erdenwandel. Leipzig 1930.

[7] W. Gerlach: Johannes Kepler. Der Ethiker der Naturforschung. Die Naturwissenschaften (1961) S. 85 ff.

[8] W. Gerlach; M. List: Johannes Kepler. Leben und Werk. München 1966.

[9] W. Gerlach; M. List: Johannes Kepler. Dokumente zu Lebenszeit und Lebenswerk. München 1971.

[10] J. Schmidt: Johannes Kepler. Sein Leben in Bildern und eigenen Berichten. Linz 1970.

[11] H. Wußing: Zum 400. Geburtstag von Johannes Kepler am 27. Dezember 1971. Mathematik in der Schule 9 (1971) S. 721–730.

[12] Ju. A. Belyi: Iogann Kepler. Moskva 1971 (russisch).

[13] E. Preuss: Kepler-Festschrift 1971. Regensburg 1971.

[14] J. Frischhauf: Grundriß der theoretischen Astronomie. Leipzig 1922.

[15] F. Becker: Geschichte der Astronomie. Bonn 1947.

[16] B. L. van der Waerden: Die Anfänge der Astronomie. Basel 1968.

[17] G. Harig: Die Tat des Kopernikus. Leipzig 1961.

[18] F. Schmeidler: Nicolaus Kopernikus. Stuttgart 1970.

[19] J. Dobrzycki; M. Biskup: Nicolaus Copernicus. 2. Aufl. Leipzig 1973.

[20] H. Wußing: Nicolaus Copernicus. Leipzig, Jena, Berlin 1973.

[21] Studien zum Copernicus-Jahr 1973. Herausgegeben von J. Herrmann. Berlin 1973.

[22] R. Breitsohl-Klepser; M. List: Heiliger ist mir die Wahrheit, Johannes Kepler. Stuttgart 1976.

[23] W. Gerlach: Johannes Kepler und die Copernicanische Wende. Nova Acta Leopoldina Nr. 210, Band 37/2, 1973.

[24] S. Wollgast; S. Marx: Johannes Kepler. 2. Aufl. Leipzig, Jena, Berlin 1980.

[25] J. Hoppe: Leben und Wirken von Johannes Kepler, des Begründers der „neuen Astronomie" zum 400. Geburtstag. Physik in der Schule 3 (1972).

[26] J. Hoppe: Life and Work of Johannes Kepler, Founder of the "New Astronomy" on the 400th Anniversary of His Birth. Jena Review, 16th Year, No 6/71.

Personenregister

Lieferbar in dieser Reihe:

Band	Autor und Titel	Preis	Bestell-Nr.
5	Schütz: M. Faraday	4,35	665 165 0
10	Dobrzycki/Biskup: N. Copernicus	5,00	665 661 1
11	Kauffeldt: O. v. Guericke	5,60	665 663 8
19	Schmutzer/Schütz: G. Galilei	6,90	665 744 6
31	Kaiser: J. A. Segner	4,50	665 840 6
34	Halameisär/Seibt: N. I. Lobatschewski	4,60	665 870 5
38	Voigt/Sucker: J. W. v. Goethe als Naturwissenschaftler	5,30	665 853 7
43	Kosmodemjanski: K. E. Ziolkowski	10,50	665 930 2
45	Ilgauds: N. Wiener	4,80	665 983 9
46	Körber: A. Wegener	4,80	665 991 9
47	Biermann: A. v. Humboldt	6,80	666 006 3
49	Goetz: G. Chr. Lichtenberg	6,80	665 986 3
55	Krüger: W. I. Wernadskij	6,80	666 033 8
56	Thiele: L. Euler	9,60	666 045 0
57	Herrmann: K. F. Zöllner	4,80	666 086 4
58	Cassebaum: C. W. Scheele	6,80	665 990 0
60	Jürß/Ehlers: Aristoteles	6,80	666 057 3
61	Engewald: G. Agricola	6,80	666 113 8
62	Dunsch: H. Davy	4,80	666 111 1
65	Ullmann: E. F. F. Chladni	4,80	666 143 7
66	Hoffmann: E. Schrödinger	4,80	666 080 5
67	Hamel: F. W. Bessel	4,80	666 197 1
69	Schierhorn: W. Friedrich	4,80	666 141 0
71	Herneck: H. W. Vogel	6,80	666 193 9
72	Göbel: F. A. Kekulé	4,80	666 192 0
74	Remane: E. Fischer	4,80	666 194 7
75	Guntau: A. G. Werner	6,80	666 196 3
76	Strube: G. E. Stahl	4,80	666 195 5